成长是青春最好的模样

CHENGZHANG SHI QINGCHUN ZUIHAO DE

左小姐◎著

中国纺织出版社

内 容 提 要

成长是青春最好的模样，你从尖锐任性、懵懂无知、无意义地日复一日的年纪，一点点地寻找到自己的热爱所在、意义所在，慢慢将这虚空的年华填充起来，而你也在这个寻找和填充的过程中，更了解自己，更了解世界，不再那么狭隘，用一种更柔软更宽厚的姿态与世界共处。

这个过程或许艰难、孤独、充满质疑和挫败，随时可能放任惰性，随波逐流，但你有内心的骄傲，你有信仰般的梦想，你有关于某件一定要做的事的不死之心。所以，你必定能够让时光为你所用，从岁月中获得能量，成为更强大的自己。

图书在版编目（CIP）数据

成长是青春最好的模样 / 左小姐著. --北京：中国纺织出版社，2014.8（2023.4重印）
ISBN 978-7-5180-0694-6

Ⅰ.①成… Ⅱ.①左… Ⅲ.①人生哲学—青年读物 Ⅳ.①B821-49

中国版本图书馆CIP数据核字（2014）第112725号

责任编辑：徐丽丽　　　　责任印制：储志伟

中国纺织出版社出版发行
地址：北京市朝阳区百子湾东里A407号楼　邮政编码：100124
销售电话：010—67004422　传真：010—87155801
http：//www.c-textilep.com
E-mail：faxing@c-textilep.com
中国纺织出版社天猫旗舰店
官方微博http://weibo.com/2119887771
永清县晔盛亚胶印有限公司印刷　各地新华书店经销
2014年8月第1版　2023年4月第2次印刷
开本：710×1000　1/16　印张：13.5
字数：144千字　定价：42.00元

前言

昨天和室友一起去看了《致青春》，一行八人，她们都说好看，看了挺有感触，就我一人觉得不怎么样，无感动无共鸣。

她们太过整齐的声音，害我顿时又质疑起自己的品位来，回来立马上豆瓣看影评，希望大众告诉我我不是一个人。

我果然不是一个人。

看到有一句短评："长得好看的人才有青春，其余的就只有上学。"我当时就"噗"地笑出来——这句话真理了。

在这部剧里象征青春的元素好像都跟我没关系，比如说新生接待时献殷勤抱大腿的学长，带着某种表演性质为失恋情节添砖加瓦的啤酒，热烈洒脱全校皆知的女追男，在男宿跟一帮男生打牌借A片的放肆夺目，这样众星拱月的青春果然够浓烈、够精彩，但与我无关。

如果一定要我在这部剧里给自己找个角色，恐怕我会是在光彩夺目的女主角出现在校门口之前，那个戴着黑框镜穿得土兮兮来报到的女生，被负责接待的学长们推来推去最后落到一个没资格"挑肥拣瘦"的男生手里，然后男生不情不愿地提起她的行李，满腹辛酸地懊恼这个丑小鸭破坏了他一年才一次的接近白天鹅的机会。

好吧，我夸张了。

当初新生报到时，我是跟父母一起来的，接待的学长也尽心尽责，未必殷勤却也没有懈怠。我自己的长相打扮，既没有美到吸引眼球，也没有丑到惨绝人寰，总而言之用俩字概括，就是"平凡"而已。假如当时也有摄像机在记录的话，那我该是被镜头不带感情地扫过的路人甲吧。

路人甲的青春是怎样的呢?

没有烟酒棋牌，没有玫瑰香水，没有舞台和聚光灯，没有一场轰轰烈烈的恋爱，没有学生会一呼百应的威望，没有数字诱人的奖学金。

我的青春，似乎就像《一个人的好天气》里描绘的生活那样清汤寡水，内容大概就是上课、下课、吃饭、上网、泡图书馆，暑假出去打工，寒假回家过年。

这样的日复一日，如果不是心理够适应的话，说不定连自己都要厌倦这平淡如水的生活了。幸好自己不怎么看电影，否则多看几场《致青春》这样的电影，再看看自己这一点也不青春的青春，还不羞愧死?

这大概是我两三年前的想法。

而现在，当我站在青春的尾巴上回头看时，却只有会心一笑，因为我的青春，没有遗憾。

路人甲的青春里，也有许多女主角没有的东西，比如说梦想，比如说独立，比如说成长。

在一段最好的年华里，当你亲眼见证梦想的种子从萌芽到开花，当你亲身感受自己从依赖到独立，当你从害怕平淡到能够从琐碎单调的生活中获得平静与幸福，当你感觉到自己的内心一点点地丰实和强大起来，你真的不会觉得遗憾。

并非每个人都是“长得好看”的女主角，并非每个人的青春都可以那么喧嚣，那么热闹，有那么多人衬托，那么多人环绕。

但我们的青春，也可以以另一种静默的姿态存在，它汲取岁月的养料，积蓄时光的力量，一点一点地向上生长，打败成长中的孤独与寂寞，在几年的时间里，长成一棵枝繁叶茂的大树，有自己坚定的根与努力的方向，然后带着足够的底气与骄傲，去面对只会越来越艰难的世界。

我想讲述的就是这样一种，属于路人甲的，沉默、平淡，却没有遗憾的青春。

目录

第一章

致骄傲——骄傲，是我最好的姿态

- 骄傲，大概就是这样一种无用的姿态。
- 明明在乎得不得了，却偏偏表现得不屑一顾；明明心里难过得要死，却要装作若无其事。
- 转身离开，步伐一定要坚定得好似一点都不留恋；拉黑删号，动作一定要利落得好像一点都不在意。
- 从不肯将软弱示人，一受伤就竖起一身尖锐的刺，扎痛自己，也扎伤身边每一个明明爱你的人。

谁若要见我碎裂的样子，我已经顽强重生一次

《我可能不会爱你》里有个情节让我很有共鸣，程又青得知初恋男友丁立威回到了这座城市，也许下一个转角就会再遇见这个曾深深伤害过自己的人。意识到这一点之后，她开始神经兮兮，每天出门必定精心打扮，就连晚上去丢个垃圾都要换上连衣裙，梳妆精致，提着垃圾袋，姿态优雅。

所以后来，当那个人真正出现，却是在她睡眼惺忪，手持扫帚，邋里邋遢还歪着脖子的时候，她几乎要崩溃了！

她狼狈逃走，去找李大仁懊恼万分地喋喋不休——自己为什么要睡觉睡到歪脖子！为什么都没梳洗一番就到门口打扫！为什么五年后让他见到的自己是这么糟糕的样子！情绪激动到令李大仁都心生不满，他说她还这么在意不就是还在乎丁立威吗，程又青听到这句恼得直接一张狗皮膏药封住了他的嘴。

看到这里我想，一向最了解程又青的李大仁，或许这一次是真的想错了。

他低估了伤害对一个骄傲的人的刺激。伤害，总伴随着一定程度的自尊受挫，一定程度的愤愤不平，哪怕随着时间过去你已经有了新的生活，这种挫败感和不平感随时都可能被唤醒，一定要寻求一个扬眉吐气的机会。

不是对这个伤害你的人还有爱，还有多在乎，只是还没有大度到可以原谅伤害，更是不愿直面曾在他面前如此挫败的自己。

若不能漂亮回击，又怎么对得起曾拿宝贵自尊献祭的自己。

所以她要时刻保持最佳状态，要在最好的时候给他最不屑一顾的一击，要骄傲地看着他，然后从头到脚都在告诉他“没有你我会更好”。

我特别理解这种感觉，因为我也有过。和前男友断掉不久那会儿，应该说是我状态低谷的时候，跟室友关系紧张，每天回寝室都剑拔弩张，写稿过程煎熬，投出去永远石沉大海，所以干脆停了笔，闺密有事也总不跟我同路。日子过得有点暗无天日，直到有一天看到他。

那是我刚上完课回宿舍，快走到岔路口时，忽然瞟到他从前面那条路经过，跟朋友一起，说说笑笑。

我当时脑子一炸，全身神经都紧绷起来，几乎立刻放慢了脚步低下了头。不用照镜子我也知道自己是什么样子，披头散发毫无精神，因为这几日失眠，也没有心情保养，肤色有些发黄，额头还冒了好几颗痘，早上出门随便套了件颜色暗淡很显胖的衣服，难道可以让他看到这样的我，然后庆幸自己幸好没有选择我吗？

万幸的是他忙着和朋友说话，径自走了过去。

看着他的背影我长长地舒了口气。同时也意识到，同在一个学校，随时可能遇见，我难道每次都要这么狼狈地躲吗？绝不！

我当时就回寝室换了一套亮色的衣服，扎了个高高的马尾，打起精神，过好每一天的生活。

我不止一次发现自己有这种心理，就是你对我不好，我偏要过得好给你看看。不止是在爱情上。

比如当别人形成一个小团体而将我孤立在外的时候，比起委曲求全让别人将自己纳入，我更可能扬着头去将自己一个人的生活经营得更精

彩；比如当我做什么事情，有人不怀好意地等着幸灾乐祸时，我必定更努力更尽心，用一个漂亮的结果甩他一巴掌。

田馥甄的一句歌词恰到好处地唱出了这种心理：“谁若要见我碎裂的样子，我已经顽强重生一次。”

为什么电视剧里受伤的女主角改头换面焕然一新，带着决然的冷漠与骄傲回来的样子让人觉得特别解气，为什么小说里主人公被逼到绝境然后绝地反击将敌人踩在脚下的情节总是深得人心？因为它们都暗合了一种积极逆反心理，将伤害化作自己的动力。

被伤害还哭哭啼啼，一定要把自己折磨得比谁都憔悴实在是弱爆了！你是被伤害了，但并不一定要做出伤痕累累的样子给谁看，因为真的不好看。

其实你并不需要谁的心疼和愧疚，你需要的是一个依然骄傲美好的自己。

你当然不用像电视剧里那样去报复，没必要耗费这个精神，只消让自己状态完满，随时可以迎接战斗。

最好是能永不再见，否则就要每一次照面都漂亮，每一个眼神都不屑，每一次转身都决绝。你颓败的时候，他永远是你最好的动力。而你永远不再属于他的笑，就是你最灿烂的攻击。

别让虚荣，玷污你的骄傲

高中时特别迷恋一部偶像剧《放羊的星星》，里面的女二号严格贯彻落实了一般偶像剧女配角的职责，为了把女主角衬托得更善良，为了让观众看得更扼腕紧张，她几乎从头坏到尾。

于是很自然地，我一直不喜欢这个女二号，直到有一个情节，我忽然对她有了一些改观。

那是结尾那个有点儿一局定胜负味道的比赛，女主角和女二号都是珠宝设计师，女主角是草根流派，女二号是正宗科班出身。因为女主角早已表现出超强的才华，女二号身后的势力其实也更看好女主角的能力，但又要女二号非赢不可，所以他们偷到女主角的设计稿，让女二号直接盗用女主角的设计。

我本以为女二号会顺理成章地接受，但她的反应令我有点意外——她拒绝。

她说："我是个设计师，我有我自己的骄傲。"

当时看着她坚定的表情，我忽然觉得她全身都散发着一种光彩，在我眼里，这种骄傲，就是这个角色性格里最大的亮点。

即便她也很想赢得比赛，但她想用实力来赢。倘若自己才华真的不如别人，那便服输。

当时我还小，其实并不能说得特别清楚这种骄傲为何这么打动我。

直到有一天，我遇见了自己要坚定地骄傲的东西。

有一次跟朋友聊稿子，那篇稿子写得并不好看，他提了很多意见，讨论的时候，顺便还提供了几个新的情节走向供我参考，我当时听到的时候只觉耳目一新，觉得这几个情节想得特别好。但是后来我自己写的时候，发现自己非常抗拒使用这几个情节，甚至一用就有点不想写这个故事了，觉得这个故事不再是自己的了。

因为这个情节不是我自己想出来的，是别人提供的现成的，哪怕他是乐意我用的，是特意为我的故事想的，但是，不是我自己的。

虽然我写小说，情节设计未必是完全不受别人作品影响的，但那是我吸收进来，内化，然后输出的自己的东西。跟直接用别人的现成的，是不一样的。

后来他提供的几个情节我都没用，而是自己结合他的意见，想出了新的发展走向。

网上经常会爆出名作家抄袭的消息，原因无非是江郎才尽，又要产出作品，维持名声，盗用一些名不见经传的小作者的创意无疑是最快最轻松的途径。

每当看到自己喜欢的作者被指出抄袭，我都很想问一问："作为一个写作者，你还有对自己文字的坚守和骄傲吗？即便得到你想要的虚名，你会觉得踏实吗？"

暂时写不出好看的文字又有什么关系？只说明你的输入已经不够输出了，那就去读万卷书行万里路，去结识不同的人，去努力积累啊，为什么要为了虚荣玷污最珍贵的骄傲？

每次我的豆瓣主页有人推了抄袭的消息上来，我都会告诉自己，我绝不做这样的人。

我想每个人都会遇见自己珍视的事业，你多么想在这个你那么重视

的领域里得到认可。

你想要的或许是一张漂亮的成绩单，或许是一个万人争抢的工作机会，或许是一个把所有人比下去的创意，或许是第一个冲到终点线的光荣。

我们都是有虚荣心的俗人，有多努力，就有多渴望得到肯定。但是这种渴望不该成为自己丢掉骄傲的理由。我们该做的不是舞弊，不是走后门，不是剽窃，不是注射兴奋剂，而是老老实实地走那条最缓慢最笨拙的路。

坚守自己的骄傲，这是对你自己价值的肯定和自信，你坚信自己不需要用不光明手段获得成功，你相信自己的才华与能力，即便目前的自己再不济，你也相信自己的努力。

那份对自己珍视的事业的骄傲，并不会带给你什么。但至少当你捧着那沉甸甸的奖杯时，脚踏实地，问心无愧。

别那么骄傲，TA随时可能走掉

有次跟闺密吵架，为一件很小的事。

我们在食堂二楼吃完饭出来，我突然想起要去三楼舞厅找教练有事，不过也不确定这个时间舞厅是否开门，我就说要去三楼看看。

她说："那要是开了门呢？"

我说："开了门我就有事了，你就先回去啊。"

她噘着嘴"啊"了一声，说："怎么这样啊，那我等你那么久结果又要自己一个人回去啊……"

她一副不情愿的样子令我莫名窝火，我冷哼一声，"我说让你等了吗？"说完我转身就走。

就为这么一件事，我们冷战了好几天。

后来提及这件事，她说她当时在原地看我的背影看了好久，好希望我能回头，可是我没有。那么不屑又决绝的样子，令她感觉在我眼里她根本不重要。

"回头？怎么可能？"我说，"我一旦转身就绝不回头。"

"你太骄傲了。"

其实这件事还有另一面我没说出来。那就是我转身之后走出的远离她的每一步，全身每一个细胞都在呐喊：快来拉住我，不要让我走。

当然，很少有人能在被我的骄傲所刺伤之后，还能捕捉到这些卑微

的讯息。

而我也从未告诉闺密的是，那天其实三楼没有开门，我下楼拐入阶梯之前，虽然不愿承认，但心里的确是怀着期待的，期待一过转角，还能看到她一脸受气包的样子却还是别扭地等在原地的身影。

当然事实是她已经气冲冲地朝相反的方向走了。

我也从未承认过，那天我一个人离开，经过二楼那一片空空如也时，心里的那种失落。

曾喜欢过一个男生，他有女朋友。

在某一段孤独艰难的日子里，他天天陪聊，予我关心照顾，又几次三番提及与女友的不合，于是很自然地，我自命不凡地认为自己才是他的真爱。

我想，既然跟女友不合，那就快点分手来跟我表白吧。给我一个漂亮的台阶，我就承认我喜欢你。但他却没有任何动静，好似自己单身似的依旧天天电话联系。

我终于按捺不住，问他，你到底是喜欢我还是喜欢你女朋友？

他给了我一个诚实的答案，都喜欢。

我冷笑出声，这个答案对我来说基本等于奇耻大辱。

对于爱情，我从来要么0要么1，谁要这1/2？

当下我就把他拉黑，删除所有照片，路上偶遇我永远目不斜视。

后来有朋友说我果然够强大够潇洒，说断就断，一点不拖沓。甚至后来很久他都不相信我喜欢过他——若是喜欢怎么可能做到路上见了连一个眼神都不多给。

大概只有空间里那段时间那么多设为“仅自己可见”的日志知道，我有多努力按下汹涌的情绪，维持平静的骄傲。

骄傲，大概就是这样一种无用的姿态。

明明在乎得不得了，却偏偏表现得不屑一顾；明明心里难过得要死，却要装作若无其事。

转身离开，步伐一定要坚定得好像一点都不留恋；拉黑删号，动作一定要利落得好像一点都不在意。

从不肯将软弱示人，一受伤就竖起一身尖锐的刺，扎痛自己，也扎伤身边每一个明明爱你的人。

我从来就是一个这么骄傲的人，哪怕我知道它伤人伤己，但我就是放不下姿态。

我从未想过要改变。

直到有一天。

表姐婚宴，我们要去吃晚饭，妈妈要提前过去帮忙，打算早上十点多就去，我想待在家里上网不肯去这么早。本来是准备让妈妈先去，我则给爸爸打电话让他带我出去吃午饭，然后到晚饭点，我再自己去表姐那里。

但是我爸手机关机了，于是我午饭没着落了。我妈知道我一个人在家肯定不会吃饭，又怕我上网忘了时间就干脆不去了，等我下午一起去。

大概5点多的时候，我和妈妈在去表姐家的车上，突然手机响了，是爸爸。

他说："宝崽，来陪爸爸吃晚饭。"

我说："表姐婚宴我要去吃晚饭啊！我都在车上了。"

"别去了……"

我只觉今天爸有点无理取闹，婚宴怎么能不去，正欲开口忽然听见那边他说："爸爸今天生日，想跟你一起吃顿饭。"

"啊？你今天生日？！"

扪心自问，我完全忘记了，我每年生日他都记得清清楚楚，而我竟

然又一次忘记了他的生日，顿时那种愧疚感就蔓延开来。

我一下陷入了两难境地，一边是爸爸，平常都见不到我，生日这天只有一个简单的愿望就是和我吃顿饭，而另一边是表姐的婚宴，还有料理我生活的妈妈，为了让我好好吃饭，她已经从上午十点等到下午五点，带我一起过来，车子已经走了大半路程了。如果我现在丢下我妈一个人下车去找我爸，于她而言，不也是莫大的伤害吗？

所以我的选择是——吃完饭晚上过去找他。

结果我爸很冲地说：“晚上没空！”

我顿时就来脾气了，回了句：“没空就算了！”然后就挂断电话。

从那之后到吃完晚饭，我就没笑过。

从我挂断电话之后，我总想起我爸那句“晚上没空”，我忽然觉得，我爸其实是跟我一样骄傲倔强，一样别扭讨厌的人。

所以我太理解，那句“晚上没空”其实是多么强烈的要求：不要晚上，就要吃这顿晚饭，就要现在。

那句“晚上没空”是多么强烈的要么0要么1，拒绝折中，只为证明自己其实是被在乎的，是很重要的。

那句“晚上没空”是我玩过多少次的把戏，披着冷硬尖锐、不可理喻的外表，裹着不堪一击的虚弱和难过。

是的，我后悔了，我觉得自己应该下车的，应该去陪我爸吃晚饭的。

坐在席间等待开饭的那段漫长时间，我都在发呆。我在想，我这种性格难不成是遗传了我爸的？难怪我跟我爸总是几句说不好就火药味来了，要不我挂要不他挂，而跟我妈则不会。一个骄傲的人怎么能与另一个骄傲的人好好相处呢？

可是怎么办呢，我必须要跟我爸相处好啊，因为我爱他啊。

我想那天大概是我第一次，想要收敛一下自己的骄傲，想要学着像每一个能和我这样的人相处得好的人一样，去包容，配合，维护我爸的骄傲。

吃完饭我就立刻回来，当然不出所料，打他电话是已关机。

但我还是要去一趟他那里，还买了个小蛋糕，但是当然，他也不在家。

我把蛋糕系在门上，然后就走了。

其实这个结果，我早有预料。因为我像了解自己一样了解他。

换成我是他，我也一定会骄傲地拒绝这迟到的祝福的。

但我还是来了，非要亲自验证一下他的骄傲。

我知道他心里肯定不好受，我也是。

骄傲了二十年的我，那天晚上是头一次"被骄傲"了一把，很不舒服。我忽然对我固执了这么多年的骄傲有了一丝动摇——可不可以不要那么倔？可不可以妥协一下？可不可以不要走得那么快不管别人跟不跟得上？可不可以不要为了那没点屁用的自尊伤了别人也苦了自己？

我曾以为自己永远都不会有这些想法的，我是谁？我是最骄傲的金牛女，我必须转身绝不回头，我必须要么1要么0，我绝不低头绝不主动绝不迁就，我不管心里多不舍多难过我都必须满不在乎必须姿态漂亮。

多年来，我都习惯对自己残忍，在情感上，一个对自己什么都做得出的人，哪会理会别人的感受，哪曾想到那个"被我骄傲"的人其实也很难过呢？

我从没这么想过。

我转身的时候，一旦你没有拉住我，你没有告诉我我很重要，一旦你不能包容我的骄傲，我真的不会回头。我不会想到或许你在期待我回头，我不会想到或许你看我离开也很难过，因为我姿态漂亮地走开的时

候，心里也已经被难过填满了，没空隙理会别人的了。

我知道太骄傲不好，但从未想过改变，因为我觉得没有什么值得我改变。友情？总有好脾气的人受得了我。爱情？更不可能，没有爱情可以大过自尊。

最没想到的，最后竟是我对爸爸的感情动摇了我，最后还是太过深沉的亲情打败了骄傲。

我对所有骄傲的人都抱有一种心疼。

她们伪装的姿态总是容易伤害别人，很多人不理解她们，觉得她们冷硬无情，却不知伤害你她自己比你更难过。

或许极其幸运地会有那么一两个人，会在她们尖锐地竖起全身的刺时，坚定地拥抱她们，哪怕鲜血淋漓，也要努力去维护她们的柔软。

我想这世上还有很多和我一样骄傲的人吧，不然怎么会有那么多人，被《我可能不会爱你》里永远坚定地包容着骄傲程又青的李大仁感动得泪流满面呢？

电视剧总是美好的，而现实中又有几个人能总是被我们刺伤而不退缩呢？而我们，为什么又一定要去刺伤自己明明在乎的人呢？有时候，是不是也可以学着妥协一下，不要那么拧巴，稍微放下一点骄傲示一点弱，给别人一个关心你的通道呢？

金海心在一首歌里唱道："别那么骄傲，我随时可能走掉。"

而我想对所有骄傲的人说，别那么骄傲，TA随时可能走掉。这个TA可能代表友情，爱情，亲情，总之，TA是你爱并且爱你的人。

别用骄傲伤害TA。因为你明明不想TA离开。

对了，我爸的生日事件还有一个后续。

第二天我爸就打电话给我了，我语气不善地问他老关机到底是要怎样，他竟说要睡觉。

好无语的借口。

然后又听到他有些委屈的声音说："明年一定要记得我生日啊，是农历十二月十五。"

我解释说："我记得日子的，只是放假回来过的不知今夕何夕的生活，不知道昨天就是十五号。"

要挂电话的时候，我说："看到门上蛋糕没有？"

他说："看到了，谢谢宝崽。"

然后我就笑了，我知道我们和好了。

再骄傲的人，也有为爱妥协的时候。

感谢爸爸，让我学会放下骄傲。

怒气冲冲地冲出去，心里又舍不得，又后悔了，那就回头吧，不是什么丢脸的事，TA就在你身后，巴巴地望着你回头呢。

骄傲是个胆小鬼

晚上看《爱情公寓3》。看到胡一菲为曾小贤吃醋，和诺澜比网球，结果她赢了，还来不及高兴，诺澜却崴了脚，曾小贤冲过来就责怪地看了胡一菲一眼，然后背起诺澜离开。我看着握着网球拍身体站得直直的胡一菲，突然觉得心疼。

曾小贤拖着行李说要搬出去照顾诺澜。他说诺澜已经说喜欢他了。

胡一菲说："那很好啊。那你呢？"

曾小贤说："我……我喜欢被动。"

他转身，又回头，看着胡一菲说："最后我还想问你一个问题。"

"你问啊！只要你问我就敢答！"胡一菲像是豁出去了。

可是曾小贤问的是——"你会祝福我们的吧？"

好在这只是个梦。

现在在循环一首歌——《偶阵雨》，其中有一句："我的下巴微微扬起，不让泪滴主演我的微电影。"

我的下巴微微扬起。

很骄傲的姿势，很适合骄傲的我。

我知道，胡一菲说只要你敢问我就敢答，是在期待曾小贤问她——"你喜欢我吗？"

记得看《凤囚凰》第一遍时，心里已经将男主角容止封为古言第一

腹黑男神。他精于算计，无论何时都清醒，冷静，似乎任何人都是他掌控的棋局中的一粒棋子。至于女主角楚玉，实在是不得不暗叹作者怎么如此厚此薄彼，让女主角在男主角面前如此窘迫。

之所以有这种感觉，都是因为女主角表白被拒的那一幕。

楚玉问容止，你是否曾有一点喜欢过我？而容止道，一点都没有。楚玉割发断情，结果砍得不利索反而刀缠住了头发，还得容止帮忙理清。我真是汗涔涔……心想作者太不厚道了，表白被拒就够丢人了，让她赶紧走人不就行了，还挥刀断发，结果断得这么窘，真是脸都丢到家了！

可是时隔两年再看第二遍时，却完全变了心，我真心喜欢上了楚玉。甚至以前认为的女主全书最丢脸的一幕，如今却成为我心里女主最闪光的一幕。

喜欢她明知可能会得到最冰冷的答案，但还是忍不住红了脸问："那个，我喜欢你你知道吧，那么，你有一点喜欢我吗？"那样压下骄傲心存侥幸的勇敢；喜欢她在得到容止"一点也没有"的答案之后，似是松了口气的态度，以及削发断情之后，坦然离开的背影；喜欢她在与容止分道扬镳之后，毫不留恋过去，再也无视容止似是而非的撩拨，认真过自己生活的态度。

我喜欢上楚玉，喜欢那份坦荡和勇敢。

没错，我是喜欢你，但那只是我一个人的事。所有的付出，都只成为我的心甘情愿，这不成为我要求你喜欢我的条件。说出喜欢，不是我爱你爱到非说不可，我只是要给自己一个结局——你若有意，我们就一起走下去；你若无情，我们便就此分道扬镳。

偶尔会看《非诚勿扰》，有一位女嘉宾，忘了名字，就叫A吧，记得有一期，一个男的专门为某女神而来，女神表情犹豫尴尬，措着辞

欲拒绝，这时现场所有灯都已经灭了，只剩下一盏A的。孟非问她留灯是什么意思，她说她喜欢他，愿意留到最后。如果说此时看A如此冒险的勇敢我只觉得太傻，那么看到她被拒绝之后坦然的微笑，我就只有钦佩了。顿觉那满脸写着“我不愿意”又欲说还休的女神此刻已经黯然失色。

其实在那时候，明知他属意他人却还表白很不理智，但她选择了遵从内心。而遭拒后的不卑不亢更显示了她强大的底气。

多希望自己是第二种，或是第三种，偏偏我就是拧巴的第一种。

所以在《爱情公寓3》里胡一菲和曾小贤暧昧了三季还没捅破又留下一个抉择大坑时，我几乎想大喊：曾小贤你还不表白是要死吗？！好吧，与其说是对曾小贤喊，不如说是想对某个对象喊：快点表白好吗！再不表白黄花菜都要凉了好吗！

就是这样，明明已经喜欢上了，明明心里想得要死，却偏偏绝不说出口，一定要微微扬着下巴，等着他把爱情呈到你面前。一定要骄傲，要姿态，要被动，要台阶。

如果他没有这样做，你就开始否定这份感情，觉得他并不喜欢你，不然怎么不给你一个肯定的答案呢，可是又总有一些蛛丝马迹，似乎暗示着什么，令你不忍真正放弃。就这么耗着，一个人在心里上演各种内心戏，或失落，或纠结，或焦虑，或欢喜。好像有一根线牵着内心最敏感的一角，若无动静，心便空落落的，努力否定太过自作多情的猜测，可若拉扯一下，此刻心情雀跃得越高，下一秒又会跌得越重。他那里一点风吹草动，你这里就是惊涛骇浪。

情绪受到太大的影响，竟然已经达到自己不能控制的地步。越来越多的不安、否定、负面的情绪，令自己都不再像自己了。在希望—失望—希望的循环往复中，或以失望放弃结尾，或带着希望继续这自虐的

循环。

这就是暧昧。

在暧昧里，骄傲的人结束的原因，是终于确定对方不喜欢自己。

而太过骄傲的人结束的原因，是始终不能确定对方喜欢自己。

既然不能得到肯定，那就干脆一点也不要。

回想自己如此多的无疾而终的暧昧，我遗憾的是，那么多次，我竟从未对任何一个人说出口过喜欢。那么多若有似无的情感里，我竟从未干脆承认过自己。

说出口，就算是得到否定答案，至少也能让自己有一个正式结束的仪式呀，至少是确认可以结束了，经年之后，不会以“那时候他其实也喜欢你”、“好可惜，两个人都没说出口”这样遗憾的方式回忆当初啊。

说到底，还不是因为自己是个胆小鬼。

一味要骄傲，要姿态，不过就是没有勇气而已，不过就是害怕被拒绝而已，不过就是怕失败而已。所以宁可内心虐自己千万遍，也要表面淡然平静，好似若无其事。在确定他的心意之前，坚决不肯流露自己的感情。

难怪我心疼胡一菲，喜欢楚玉，佩服A。

因为胡一菲就是我现在的样子，楚玉就是我想成为的样子，A则是我恐怕此生都难以企及的样子。

爱情里，我太缺乏那样一种坦诚的勇气。

为什么不坦诚呢？其实说出口，未必就丢失了什么，说完喜欢，他拒绝，然后你转身利落走掉，这个过程难道很丢脸吗？好像也没有，反而还带着点凛冽的味道呢。

看看楚玉，看看她付出时的用心，表露心迹时的坦然，遭拒时的释

然，以及转身时步伐的轻盈。

那样的姿态，那样的勇敢，好像全身都散发着光芒。

所以其实，表个白，未必是一件有所要求的事，未必就是一定要他答应的事。或者说，这纯粹就是你自己的事。你觉得受够了，憋够了，被虐够了，要结束了，要解脱了，那就去表白吧，给自己一个痛快的结束。然后即刻转身。

下次，若你喜欢上一个人，把骄傲放到一边，去力所能及地对他好，在足够喜欢他，想要做出改变的时候说出喜欢。

他喜欢你，你可笑得甜蜜；他若不喜欢你，你也能释然一笑，谢他帮你拿掉这个包袱，令自己转身轻装上路。

婉转暧昧，不若一句脆生生的喜欢。

别做骄傲的胆小鬼。

说出来，也放下来。

第二章

致梦想——我的记忆，从我找到梦想的那一刻开始清晰

- 很多时候，梦想就像一个冷漠的恋人，它高高在上，它不为所动。
- 放弃它，就像自己身上的一块珍宝“扑通”掉进湖里，谁都不在乎，哪怕那块珍宝本身也不在乎你把它丢了。
- 毫无价值地消失，就像你从未拥有过一样。从此，你面目模糊地和其他任何一个人一样平庸，毫无特别之处。
- 可是，你愿意吗？你甘心吗？多少人终其一生都从未得到过这块珍宝，你好不容易发现了它，哪怕它沉重得让你每走一步都觉得艰难，哪怕它冰冷生硬从未发光。
- 你愿意就这样丢掉它吗？
- 反正我不愿意。
- 因为我知道，有了它，我才是特别的。

你醒了吗

对我来说，梦想永远是令人热血沸腾的词汇。

但是在现实中，我的这种热血沸腾好像有点老土。我身边的同学朋友，没见过几个跟我一样喊着梦想前进的，倒是天天听见有人喊无聊。

确实挺无聊，大学生活，上几节课，拿个学分轻轻松松，反正60分万岁。然后留下大把时间，组队打DOTA、追美剧、逛街、谈恋爱，但总有空隙时间，是用来感叹大学生活原来这么无聊的。

不止大学生，大学以外的同龄人似乎也差不多。

大一暑假在北京一个酒店实习，我们实习生被称为“新员工”，但其实那些“老员工”一点都不比我们老，基本都是90后。大都是读完高中就没有继续念大学，然后就出来打工。

我观察他们的生活的常态就是，上班，下班完了之后去酒店的“文娱室”，所谓“文娱室”就是一个几平米的小房子，有一台电视，还有一个小书架，里面放着几本史书，不过常年被玻璃柜门锁着，应该就是做摆设的，反正我在那里待了两个月也没见谁借过里面的书。

去“文娱室”自然是去看电视的，大概到晚上九点文娱室要关门了，就出来，大伙儿就在小院子聚众聊天，十八九岁的姑娘小伙儿，精神总是特别好，笑笑闹闹到很晚，有时太过高亢的笑声还会传到高层客房去，还被客人投诉过：楼下怎么这么吵。

聊尽兴了就各自回去睡觉，第二天上班。

日复一日，倒是也挺开心，不像我，当时一边打工一边还参加了个写作论坛的活动，跟别人续写故事，在那里上网也极不方便，要走十五分钟去网吧，上班时间老是和小组约定的线上讨论时间冲撞。那时还笔力不济，写得惨不忍睹，不断被拍回来重写，白天上班晚上还要操心稿子，整个人焦虑得快疯掉了。

“老员工”里有一个做事特麻利的，有一次早上我们分到一起打扫一个中餐厅的卫生，边擦窗子边聊天，聊到上网之类的。她问我有笔记本电脑吗，我说有啊，她说真好，可以随便上网看电影。我说，其实我不太看电影的，她说那你买它干吗？我可不好意思说买来写小说的，又没发表过，于是就随口敷衍了过去。

沉默一阵，她忽然说等再攒两个月工资就要去买台苹果笔记本，我吓了一跳，我说，你是要干什么大事了吗？她说没有啊。我问，那你买笔记本用来干吗？她说上网啊，聊天啊，看电影啊。我说那也不用买苹果的吧，那么贵！她说苹果的好啊。我问，哪里好？她支吾了半天自然是说不出哪里好。

“反正就是好。电视里用的都是苹果。”她撂下一句就懒得理我，转去擦别的地方了。

还有一个女生，大家都叫她星星，她每个月的工资都几乎分文不动地打回家里，并不是家里已经困难到这种程度，她就是想把钱全部都交给家里存着，我问存着干吗，她觉得我这个问题莫名其妙，说存着就存着呗，存着总比花了好啊！

周围的同事都纷纷赞誉她节俭，存得下钱，不像她们，到手的工资过不了几天就花得一干二净。她被夸得腼腆笑笑，我还是有点不甘心，又问，你真的一个月可以只花那么一两百块吗？她说可以啊，本来就花

不了多少钱。

我觉得有点难以想象，至少对我来讲，虽然酒店包吃住，但平时总有事都要去网吧坐坐，或者买点零食，轮到每周的轮休花销更大，一大早就出门，看故宫，爬长城，找各种好吃的。第一个月的工资反正是不够用的。她究竟怎么可能不花钱的？后来的聊天中，她告诉我答案，她的假期就是用来睡觉的，来北京快一年，还没有去任何一个地方玩过。我说，干吗不出去看看？她说有什么好看的，还要花钱。我一时不知该接什么好，我觉得我要说的在她听来一定相当尖锐，所以我干脆就什么都没说。

大家聚在一起聊天，有时会聊起以后的打算，她们的答案出奇地一致，反正先做到过年，过完年再说吧。当时才7月份，这种说法总令我觉得好像是，混完这半年再说。

实习期满，我们和“老员工们”热烈拥抱，然后离开。上车的时候，我看着她们年轻的面孔，忽然觉得惋惜，那么好的年华，却还在虚度。

不知道为什么花钱，不知道为什么存钱，今天过得好像跟昨天差不多，也好像跟明天差不多。

不过好在，还算活得开心。

实习完毕回到学校，上课，考证，过级，当然还有写稿，日子忙碌又充实，但是心情却并不稳定，写稿总是磕磕绊绊，我喜欢在空间写日志记录自己的情绪，大部分是关于写稿的事，因为当时这是我生活的头等大事，我每天的心情都随我写稿进展的变化而变化，有时写的是焦虑，艰难，但最终还是会以加油和坚持结尾，有时会写自己写作上的一点小进步引起的欣喜雀跃和对未来的希望。

有一个叫玉佩的女生那时候几乎会来看我每篇日志。

玉佩是北京那家酒店的“老员工”之一，脾气不是很好，性格有点小高傲，在酒店那时候跟我们实习生还闹过几次矛盾，总之就是交流并不多的。不知她从哪得到我的QQ号，就加了好友，但也从来没聊过，反正我是“万年隐身党”。

她很少评论我的日志，有一次，她说：“喜欢你的文字。羡慕你。”

我不知道她羡慕我什么，正好我当时在线，就聊了一下，她说在我们这些实习生里她就觉得我是不一样的。我顿时有点受宠若惊。我说怎么不一样呢？她说她也说不出来，反正就觉得我和她们都不一样。

她说要辞职了，不想干了。我问那接下来有什么打算呢。她说不知道，没想好。

“所以羡慕你啊。知道自己要做什么。”她说。

那时觉得，虽然被写作这事虐得死去活来的，但也挺幸福的，至少有个目标，就不茫然了。

简短地聊了会儿就没什么话说了，再往后她就消失了，也没见过她的访问记录了，也不知道她找到自己的目标没有。希望她找到了，因为我知道，她已经不像其他“老员工”，可以开心地虚度年华了。

如果她没找到，她会感到痛苦。

闺密总是喜欢提自己喜欢画画，说自己当年初中学过素描，那时老师还总夸她画得好。她成绩不错，不靠艺术加分文化成绩也够上重点高中了，她本想继续学画画的，可家里不同意，认为学画又费钱又没什么前途，迫于无奈，她放弃了画画。“这是我心里永远的遗憾。”她说，“所以每次看到美术系的都好羡慕哦！”

每次一有什么触及她那根神经，她必唠叨自己是多么热爱画画，当初是多么被逼无奈放弃画画，念多了我就嫌烦，我说那你现在去学啊去画啊，然后又会得到无数个“可是”，我就叫她闭嘴。

我生日那天，她画了幅画给我，我笑惨了，忍着没说“当年你老师夸你画得好其实是在搞笑吧”。虽然这幅画出于纪念意义一直被我珍藏，但也改变不了它很丑的事实。

有一天经过一个手绘班的报名点，她蠢蠢欲动，我就怂恿她去了解一下，这个手绘班是一个跨专业考研的辅导课程，她就动了跨专业考研的心思，这是个挺大胆的想法，毕竟她那绘画水平跟零基础也没啥区别，但是我说不试一次你会后悔一辈子的。后来又陪她去上了第一节手绘课，认识了几个同样跨专业考美艺类研究生的人，她又多了几分底气。然后很快，就下了决定。

我说好好学，学平面以后我出书了封面交给你设计，学室内以后买房子室内设计就你包了。

她笑说，必须的。

直到这一刻，我才真正开始尊重她的梦想。

然后她就开始了早出晚归自习，四处奔波上绘画课的日子，风雨无阻。时间成了她最吝惜的东西，每天都安排复习和绘画任务，单调又充实。

她付出太多，我怕她万一失败会太放不开，所以在元旦给她的贺卡上写了很长的话。

“不知不觉你的考研之旅已经到了最后一个星期，不论最后结果如何，你已收获了一段丰实的时光，为梦想而努力的喜悦与挣扎，害怕与彷徨，你都已悉数体验过一遍，此刻的你，与当年那个站在手绘报名点前犹豫不决的你是不一样的，你已得到时光赠予所有努力的人最好的礼物——成长。

每次偶遇，说你气色好，不是假的，你可知道，为心中所爱而努力的人，脸上是有卓然光芒的。相信吧，只要你手握那个梦，无论最后是

否进入到那所心仪的学校，你在人群中都是特别的。”

我给她的元旦礼物是一盒厦门寄来的椰子味馅饼。这是我长期供稿的杂志社寄给我的元旦小礼品，此刻距离我第一次写稿已将近三年，从刚开始的石沉大海，无人问津，举步维艰，到现在终于步入发表的正轨，并稳步提高。这两盒我最喜欢吃的馅饼大约也算是对我梦想的嘉奖。分一盒给她，大概也因为，她也有能与我比肩的梦想，真正的梦想。

虽然我在上面强调结果不重要，但是结果还是值得一提的。她跨专业、零绘画基础考研的结果是，考上了，并且是第一名。

看来我以后买了房子真的不用操心室内设计问题了。

其实我在说的是人生的三种状态。

如果你是第一种，恭喜你。因为混混沌沌、糊里糊涂也未必不好，何必知晓什么人生的意义，何必作？安生工作，结婚，生子，看看电视聊聊天，年华虚度又怎样？开心就好。但愿你一辈子都在这样的混沌中度过，只消考虑柴米油盐这些俗物，把什么人生啊理想啊，通通丢给那些吃饱了没事儿干的人去想吧。

如果你是第二种，恭喜你。你一定已经意识到了某种不对劲，某种意义的缺失，或许是看到别人活得很有目标感之后，或许是读了哪篇文章之后，总之，你已经不可能继续混沌生活了。如果你一定要醒来，那我希望你醒得越早越好。你或许会很焦虑，很茫然，你觉得你需要那个指引你的东西，但是你找不到它。不要急，闭上眼睛，静下心来，它一定曾在你心里出现过。只是你过于急躁地略去了，或者因为岁月蒙尘看不见了。静下心来，你一定可以找到它。

如果你是第三种，恭喜你。我想和你握手，被梦想俘虏的人，欢迎加入梦想俘虏营，请做好被这个梦想捏圆搓扁，虐得死去活来的准备吧。我知道你一定充满了兴奋感，预备全力以赴，但是我想先提醒你，不要有什么“拼一把”之类的想法，这是一条太过漫长的路，如果你和我一样只是一匹驽马，那还是别学千里马那架势，免得把自己跑死了。所以，对你，我只有两个建议，第一，不要激进，第二，不要放弃。

我在路上等你。

我所理解的梦想

跟朋友聊天，总是会聊些关于未来的话题，比如以后有什么打算，得到最多的答案一定是不知道。我一般会继续问，那你喜欢什么。

我最怕听到的答案却是出现频率最高的——“不知道”。

次之的就是睡觉，上网，看电影，旅游。

听完这些答案之后，我总有种爱莫能助的感觉。前者令我觉得很可怕，一个人竟能不知道自己喜欢什么；后者一听就有种“光享受不干活”类型的感觉，享受谁不会？可是纯粹享受不觉得精神空虚吗？

好像我也没有什么确切的找到自己热爱的方法。稀里糊涂地，就找到它了。

小学写作文“我的梦想”，那时千篇一律地都是科学家，其实压根儿不知道科学家是什么东西，反正就觉得挺高级的，而且还是个大热门，大家都要当科学家呢。

某次政治课，我在课本上乱写长大要做的事：1.周游世界；2.养一只狗，直到它老死。我同桌看了指着说：“还周游世界呢，怎么可能，哈哈哈！”我心里鄙视了他一下，心说：对你来说当然是不可能，我就可能极了。至于养狗，因为我养过好几次狗，不过都不得善终，有的死了，有的丢了，还有是爸妈不同意养了要送人。某天放学回来，再没有狗狗扑上来了，心里那种难过在当时几乎没有任何东西可以比拟。每逢

抗争不过父母，只能眼看狗狗被送到乡下过苦日子，我都想以后一定要经济独立，要有能力保护一只狗从出生到老去。

初中，我迷上了少女小说，并一发不可收拾。学校附近有那种租书店，五毛钱一本，每天租了看完还和同学交换。文艺少女心就是那时候滋长起来的，海量阅读小说的好处就是，以前小学从来都是合格边缘的作文，这时已经几乎每篇都成老师要当堂念的范文了。那时看多了也会突然冒出这样一个想法：长大了我也要写这样感人好看的小说。

不过当时也没在意的，毕竟我想做的事多了。比如看到电视里明星跳各种性感妖娆的舞，我就觉得在台上尽情释放的感觉一定很赞；比如会羡慕几笔就画出可爱漫画的人，觉得好酷；比如看到乳白色钢琴就会开始幻想自己坐在钢琴前如何优雅琴声如何动听，观众如何陶醉。

到高中幻想什么的就都收一收了，支撑我走过这三年的就是考上大学，冲出湖南有多远走多远的念头和在图书馆撞到帅哥的狗血情节。

后来真上大学，冲出湖南是失败了的，至于大学帅哥……资源真是匮乏到让人想哭。刚进大学大家都踊跃竞聘学生会，于是我也跟着去了，大伙儿都多才多艺，或者有做班干部的经验，我可怜兮兮地一门特长都没有，至于经验就是做过挂名的文娱委员，做过专干苦力的英语课代表，好像连说出来的价值都没有。于是很自然地，我落选了。这件事情给我最大的刺激就是，不要让自己的过去乏善可陈，也大概从这时起，我开始有意识地为将来自己的简历做一些能多添几笔的事。

总之就是沦为平民了，上课完了就有点不知道干什么好了，做的最多的事就是拿手机和以前的同学打电话，或者为着一些自己也不知道的是什么的东西黯然神伤。大一第一学期，还真可以用寂寞空虚冷来形容。

某一天，我突然想起，自己原来说过要写小说的，现在有大把时

间，干吗不写起来呢？

其实高中我曾心血来潮，铺开稿纸，想好人物名字，准备大干一场，但是发了两节晚自习的呆之后，我一个字都没写出来。我发现一个情节在脑子里想想跟用文字表达出来完全是两码事。我觉得这么下去也浪费时间，就丢在一边，想着等上大学有时间了再来耗吧。

现在上大学了，还时不时有点儿明媚忧伤的情绪，于是很自然地，我开始写了。很不幸，我没有出现那种下笔如有神的场景，憋了三天，本子上还是一片空白。

我是真的，不会写。

后来有一天晚上，凌晨3点醒了，想到我那始终空白的本子，我就睡不着了，我起身坐到客厅，告诉自己从现在到天亮，就算是垃圾也先写出来再说。

然后我终于写出了极具历史意义的几百字，可想而知，也的确是目不忍视惨不忍睹的几百字。

就这样，我的梦想之旅开始了。

到现在还是会有很多人问我，怎样找到梦想？

我还是说不清楚怎样找到梦想，我只能说说我所理解的梦想。

我想梦想最初的起源，应该是从儿时开始，有过的大大小小的愿望，一闪而过的念头，不要它刚一冒出来就用“不切实际”、“唉，怎么可能”之类的东西盖上去，梦想更有可能就是那种听起来不那么靠谱的东西。至少在最初还未成形的时候，它最不需要考虑的就是实际，它只需要让你感觉兴奋。那种你一想到它就心痒难耐，就想马上去干的兴奋感。把所有的想法都写下在一张白纸上，靠谱的不靠谱的，你所想到的所有。

然后，看着每一个想法，问自己它在今天是否还令自己感到兴奋。

经过太长远的岁月，现在的思想早已发生天翻地覆的变化，很多儿时感兴趣的东西，现在没兴趣了实在是太正常不过的事情。就像我想过的当科学家，当老师，现在想想只觉得好笑，那么很明显，这并不是我想要做的。

然后，你还需要弄清楚，让你兴奋的究竟是那个梦想实现之后带给你的荣耀光彩，还是那件事本身。其实一开始大都是前者，这就带给人很多幻觉，以为那就是自己的梦想，其实你不过是喜欢那种功成名就的感觉罢了。要分清究竟是幻想还是梦想，很简单，就是去做。

就像我曾想要弹钢琴，但实际上每次音乐课我都觉得好无聊，至今看不懂五线谱。所以，我不过是喜欢幻想自己弹着钢琴很优雅很美好的样子而已；我曾想要随手就画出可爱的漫画来，直到一次陪闺密去上了一次手绘课，我才顿时发现学画画原来就是这么单调地不断重复不断临摹，我完全没有耐心去做这件事，于是后来我再也不敢说我喜欢画画了；我还说过喜欢跳舞，所以看到学校开的健身班就报了名，每天都有课，而且每天都不同，有爵士、街舞、肚皮、瑜伽什么的，经常因为哪天偷懒就不想去了，但是只有每周五的爵士舞课，是一次不落的，每次跳完舞出来，心情都特别好。看来这一样，不止是幻想而已，至少试过之后还挺喜欢的。但我也发现自己并不能坚持长时间地做这件事，一天一个小时已是极限，过了就开始有单调感。问自己是否愿意为了登台表演，每天练习七八个小时呢？当然是否定的，所以它不是我的热爱，只是喜欢而已。

至于我还想过的养狗、周游世界，这依旧是我很想去做的事情，但却是更广泛意义上的梦想，类似于“梦想中的生活”，一个词语已经涵盖了整个过程。而我这里所说的，是指相对狭义的东西，或者换个词语，目标。梦想是一个远远的似乎够不着的点，去实现的过程则像一条

从此点到彼点的线，当然那个彼点可以不断往前推，你永远可以让它更深远。

梦想还应该是有价值产出的，换句话说，可以延伸的，比如喜欢睡觉，没问题，但是要将它与价值、意义关联起来。我所理解的梦想，应该是这样一件事，你愿意为了它承受艰难、单调、重复的练习，心甘情愿、不计得失地投入。你喜欢梦想实现那一刻的荣耀光彩，更享受为实现那一刻付出努力的每一分钟。并且你确定它有价值，有意义，在做事的前后过程，思想是不空虚的，是丰盈快乐的。它不会是单纯的享乐，它一定是要你有所付出的，它会令你更加努力，并且让你感觉一切努力都有了方向感，它会让你感觉自己突然醒了过来，从那一片年华虚度的混沌里挣脱了出来。当你回顾往昔，那段时光不是空白的，不是想不起做了些什么，而是清晰的，有意义的。

就像我，问我大学之前十八年都做了点什么，我不记得。

我的记忆从我为梦想努力开始清晰。

我所理解的梦想，大概就是这样一种，神奇而美妙的东西。

天赋真是个伤人的词汇

上学的时候，几乎每个班上都有那么一两个聪明鬼，明明没见他怎么学习，可是每逢考试，随随便便就是前几名，可怜我们这些不灵光的，上课竖着耳朵听，下课还要抓紧复习，考出来的成绩就是不如人家。

真是让人忍不住嫉妒，怎么自己就没长那么个灵光脑袋。

我从开始写小说到第一次发表，中间大概有一年半的时间，这一年半里，“天赋”二字恐怕是折磨我最多的词汇了。

因为几乎所有人都说，写作可是要点天赋的。

可是我从头到尾就没表现出半点天赋。

有天赋的人会跟我一样，写小说憋了三天一鼓作气了N次还是一片空白吗？会一个星期每天都想每天都写还只是每周几百字的产量吗？会一个多月写不完一篇，完了下一篇还要等更久才有灵感吗？会写出来的东西连自己都觉得没意思却又看着它无从下手吗？会写了那么久耗了那么多时间投出去还是石沉大海吗？

有天赋的是什么人啊？那是那位7岁就开始发表作品的谁啊！是那位从小到大每篇作文都是范文的谁谁啊！是那位过稿记录一个月多达十几篇的谁谁谁啊！

不说那些名人了，就说经常混的写手论坛，也有不少第一次写稿子就过了的，绝大多数写个半年到一年左右也开始过稿了。

随着时间一天天过去，我真是越写越没底气，我怎么还没开始过稿？是不是我根本就没任何写作天赋，是不是我根本就不适合走这条路，是不是我再走下去也不过耗费更多时间，最终还是会无功而返呢？

我想，我是讨厌天赋这个词的。

因为它让我感到一种不公，一种无能为力，一种人不如天的惶恐。为什么别人有的我没有？为什么别人不费吹灰之力就能获得的成功我拼死拼活还得不到？是不是就因为我没有天赋，写作这扇大门就已永远地向我关闭了？

天赋让我怀疑努力的意义。

但我到底还是扛到了我的小说得到肯定的那天。

只能说幸运，倘若中途放弃了，那我才算是真的被天赋耍了。

而现在，我可以很有底气地说：忽略天赋这个词吧，它其实于你毫无意义，产生意义的那个词，只有努力。

对于有天赋的人，恭喜你，你的起点已经高人一等。但是，如果你总是牢牢记住自己是有天赋的，那你就悲剧了。因为你很有可能因此自我感觉特别良好，看不起那些跑得很慢的人，本来就拥有令人嫉妒的天赋，还表现得那么睥睨众生，实在是很令人讨厌。另外，天赋的一个特点是，它总是在刚开始一项事业的时候显现的，如果你不用努力来维持发展，天赋基本是浪费了。就像一场起点不一样的马拉松比赛，别人是比你落后几公里，但是别忘了，他有一生的时间来追赶。别仗着有天赋就不努力，时光洗礼，等你从天才儿童变成庸碌凡人，你大概都不好意思提起自己当年特有天赋这回事了吧。

如果你是刚好和我一样，一点天赋都没表现出来，那么也要恭喜你。你会在艰难前进的过程中学到唾手就得的人学不到的东西。我的许多重要价值观的成形都是源自于那一年半的艰难。如果你没有天赋，你更要相信时光的力量，要相信努力的意义。不要听信别人的“做这个是需要点天赋的”，相信自己，不具备这点天赋你也能做到。《异类》里说要在一个领域做到世界一流水平，要花费一万小时。看，这里说的是努力。如果你一定要纠结某名人说的“成功是百分之一的天赋加百分之九十九的汗水”，一定要纠结那百分之一的天赋的话，那请你先做到百分之九十九的努力之后再说话。

我曾经无比讨厌天赋这个词，因为它令我无数次自我否定，怀疑努力。

现在我却更愿意无视它。因为它不是个我能控制的东西，上天给就给，不给我也没办法。

我能控制的只有努力，所以我只有更加努力。

比别人花了更长一点的时间，但还是叩开了那扇门。

后来我想，没有收到上天送的这份礼物，或许正是它给我的另一份礼物。

用你的努力打开上天给你的礼物，你会惊喜的。

可是有了它，你才是特别的

有次在写手群里聊天，我说，唉，不都说写个半年到一年就差不多可以过终审了吗，我这写了眼看快一年了，怎么还连个初审都没过啊。这时一位算是前辈的写手说道，没过初审一定是你不够努力。

我当时觉得特别委屈。我不努力？上天作证，我还要怎样努力？我天天都围着小说转，有灵感就写，没灵感就看写作技巧书，上网就泡写作论坛，看里面的技巧帖、心得帖，帮别人的小说拍砖，让别人给我的小说拍砖，看别人发表的好小说，分析学习其技巧。随身带个小本儿，想到什么乱七八糟的情节一定往上写，生怕开新坑没想法。

说我不努力？顿时让我有种“如果这都不算爱，我有什么好悲哀”的感觉。

我不知道其他追求梦想的人，是否有过这样一段幽暗的时光，所有的努力好像都被投入一个深不见底的黑洞，听不到回音。

没有人理你，你只有自己。

反正就写小说这件事而言，就不是一件努力就能得到回报的事情，至少得不到立竿见影的回报。

它不像画画、跳舞之类的，只要不断练习，就能越来越好，有时就是你想练也练不起来，因为它需要灵感。

灵感是个太难把握的东西，特别对于我这种没天赋的人，它总是太

久才光顾一次。有时它会在你发了一个小时呆之后灵光一现，但是更多时候，或许你发了三个小时呆之后文档还是一片空白，这个空白的时间甚至可以更长，一星期，一个月。当你在它身上投入太多时间，但效果却约等于零时，你不得不怀疑这样做的意义。

也有人说灵感源自生活，那么写不出就丢一边去生活吧。可是心里总有那种紧迫感，“生活”所花费的时间并不能计入“努力”啊，这样过了一个月“生活”，我的写作水平还是在原地踏步啊。

当然写不出也可以去看看技巧帖之类的，可是写作是一件别人根本教不会，只能自己摸索的事。就算别人说得再透彻，你在电脑面前点一百个头，你的写作水平实际上也没有任何提高。你只能在写作实践中慢慢体悟、运用。

可是没有灵感，又写不出，想体悟都没有实践载体。于是又绕回了原点。

当然有人会说，“作家靠灵感写作就像妓女靠性欲接客”，这句话说得不错，但想必也是某位作家回顾写作历程的时候总结出来的，现在让我回顾自己的写作历程，我也能总结出很多东西，也能发现自己以前很多的焦虑担忧根本是多余，但是在那么努力却还没获得过一次肯定的当时，谁有底气说那么张狂的话：写作不是靠灵感?

很多时候，梦想就像一个冷漠的恋人，它高高在上，它不为所动。

你说你很努力，它说，呵，是吗?

你说你应该得到回报。它说谁巴着让你努力了？还不是你自己。

你说给我一点回应，让我知道一切都是值得的。它说，那就放弃啊，谁让你扎进来的。

是啊，没有逼你，是你自己要折腾，没有谁有义务在你坚持不下去的时候给你一个好消息，让你重新振作起来，你不是电视剧女主角，你

不会在被打击到最低谷的时候突然看到一线光，不会被刺激得一下化悲愤为力量一下功力大增获得成功，你只是现实世界的路人甲，现实总是不为你所动，你放弃就放弃了，没有谁在乎。

放弃它，就像自己身上的一块珍宝“扑通”掉进湖里，谁都不在乎，哪怕那块珍宝本身也不在乎你把它丢了。

毫无价值地消失，就像你从未拥有过一样。从此，你也面目模糊地和其他任何一个人一样平庸，毫无特别之处。

可是，你愿意吗？你甘心吗？多少人终其一生都从未得到过这块珍宝，你好不容易发现了它，哪怕它沉重得让你每走一步都觉得艰难，哪怕它冰冷生硬从未发光。

你愿意就这样丢掉它吗？

反正我不愿意。

因为我知道，有了它，我才是特别的。

你的生活要有梦想，但不能只有梦想

一

如果要给那段日子冠个好听的名字，那可以叫做“为梦想奋斗的时光”，说起来倒是挺励志挺正能量的，可我不到万不得已，都不太想回顾那段日子。

因为在这个好听的名头下，更实质的体验是孤独、焦虑、黑暗。

那是大二第二学期，大概还是冬天，早上6点，天还是黑的，空气都是冰凉的，室友都还沉睡在温暖的被窝里，而我已经醒来，借着手机微弱的光爬下床，找开电脑开始练笔。然后她们陆续起来，洗漱，聊天，说笑，吵吵嚷嚷，我皱着眉戴上耳机。快8点的时候，她们都早已出门了，我才快速收电脑，拿书，随便找件衣服套上，踩着上课铃进教室，就近随便找个座位。下课，同学都跟同桌聊得欢，而我一般身边没有人，我更懒得去进入哪个话题圈，我戴着耳机构思大纲。下课，我走路的速度相当于别人小跑，所以总是第一个回寝室，第一件事是开电脑，逛写作论坛和写作小组，看技巧帖、经验帖，分析范本小说。或者打开文档写作。可能不多久室友就回来了，走廊上已经传来了她们的笑声，我心情顿时莫名烦躁，然后听见钥匙开门声。我尽量提醒自己不要被别人影响，但是寝室越来越大声的聊天说笑还是让我克制不住地火大，文

档里已经超过15分钟没有写出一行有用的字，我烦躁地说：“别吵了行不行？”寝室立即出现一种低气压，大家都讪讪地不再说话。气氛压抑，在这个空间里，谁都不舒服。

晚上我11点之前就一定上床，因为我第二天要早起。但总有室友磨蹭着，上着网看着书聊着电话不亦乐乎，等别人上床睡觉了才开始洗脸保养泡脚，并一定不愿意关大灯换小台灯。我睡眠极差，开着大灯我自然是睡不着的，情绪焦躁地翻来覆去，努力抑制要冒上来的火气。我几乎每晚都失眠，不知道什么时候才睡着，都不敢看时间，生怕时间晚得会吓到自己。

然后第二天6点，起床。

这就是那时的我，自私，冷漠，骄傲，孤独。同时也焦虑，紧张。当然，那时的我，是绝对不会承认这些的。那时的我，认为自己过得很好。

那时的我，睥睨这糟糕的人际，无畏这少有温暖的大学生活，因为我很忙，我要为梦想做太多事情，我不想为其他事情浪费情绪。什么都不重要，只有这个梦想最重要，不需要爱情，不需要朋友，这些靠不住的东西通通不要，我只要梦想。

正是因为我把一切都押在梦想上，我感到越来越紧迫，我很快就大三了，很快就大四了，很快我的大学就结束了，我怕毕业的时候我还做不到，还不能发表小说，还不能得到肯定。到那时，已经无法心安理得让父母养活的我，该在简历上写什么？大学致力于小说创作，但没有发表过？

这样的情况，我想想都觉得难堪。

所以我必须更用力一点，更快一点，我要赶在毕业之前，至少有一篇文字能证明我的大学没有白过的。

所以我必须早起，必须全神贯注于写作，必须忽略一切与写作无关的事。我必须状态很好。

忽视那些辗转反侧彻夜难眠的夜晚，忽视看着广场舞上的热闹欢笑心里陡升的悲伤，忽视我越来越频繁的以看不到希望的“你一定可以”结尾的迷茫又安慰的日志，我几乎真的以为自己状态很好。

当然事实是，我崩溃了。

应该说逐梦这条路，我走得跌跌撞撞，我对自己要求很高，我要在什么时间之内做到一个什么样的程度，我要自己努力一点，再努力一点。可是有句话说，付出也不一定有回报。

很长一段时间这真是我的真实写照，我焦虑不堪我不知所措我无能为力，我望着灰色的天空，白玉色的路灯，蒙着灰尘的树叶，内心生出一种绝望来，我看着广场上跳舞的人们然后突然眼泪就掉下来。这样的情绪经常有，在写作不顺利对自己失望的时候，我以为这已经是自己最差劲的状态了，但是我小看了生活的伏笔，这一次次失望又希望又失望，都只是一个积累，等待一次爆发。

直到一次，在跟小海子聊完天之后。

他说你这样不对，你太激进，你太在乎结果，你心理有病，你该去看心理医生。我不承认，直到他一针见血地说：“是不是觉得没有以前开心了？”那个时候，我才终于不得不承认，他说的，全是对的。

我的状态其实一点都不好，我压力很大我睡不着觉我不开心，我感觉到进步但是我讨厌自己只有这一点点进步达不到那个标准，我不敢想两年之内我做不到该怎么办，我有强迫症没有做到自己规定要做到的事情我就不能放过我自己，写作成为我生活的全部重心我所有的情绪都只为它而变化。他说，让梦想把你弄得这么悲催，难道对吗？他说，既然是你认定了要坚持一辈子的事就不应该这么激进，还有那么

长的时间不一定要急于一时啊。他的话，每一句都敲在我的心上。我说，我会调整的。

第二天我就刻意不再去想写作的事，不开电脑不写计划，我以为这样我会调整过来，可是却使自己陷入了一种进退两难的境地，我突然不知道该做什么了。好像生活突然空出来一块，找不到东西来填，也无法再去写作，潜意识里已经警告自己不要再想那件事，一想就焦虑得快要爆炸。我想就是在这个时候，我开始对自己之前的生活状态、努力和计划产生质疑，也就是在这个时候，我仿佛听到了信仰动摇的声音。

那天我不知道该干什么，任何有意义的事情都想不到了，在雨中焦虑地走着，然后看到一辆献血车，竟上去抽了300毫升血，我知道这绝对不是什么突然的勇敢，而是我不知所措的绝望的一个发泄口。那天晚上四级模拟考，我看着试卷上密密麻麻的字母，忽然觉得恶心，听力都没有听完就走了。晚上一个人走在小路上，很冷，有冰凉的雨点打在手臂裸露的皮肤上，我忽然感受到一种无比深刻的孤独，曾经我以为我永远都不会觉得孤独，可是在那个时候，在信仰动摇的时候，我竟然一下子就脆弱到这个程度，连孤独都无法抵御。记得当时我想，我似乎能够理解一些自杀的人的心理了，他们是被自己崩溃的心理杀死的。

第二天，我依旧在那种难耐的煎熬中度过，特别是最后一节课，看着老师在讲台上嘴巴一张一翕，身边的人不知道为了什么事笑得很开心，我忽然有种自己与整个世界隔开的感觉，他们看不到我即将溺死在焦虑中，在做着属于那个世界的事情。又是那种深刻的孤独，想起昨天和闺密说起我状态不好时她瞪大眼睛那句好不天真的“为什么”，我恨这里为什么没有一个能够理解我的人，为什么所有能听懂我的话的人都不在这里。周围依旧吵吵嚷嚷，我依旧快要溺死快要崩溃快要爆炸。

直到接到爸爸的电话。他当然不知道我正处于这样的状态，可是

仿佛就是心灵感应一般，一向都只是随便问几句的他忽然在要挂电话的时候，问我最近压力大不大。就这样给了我一个出口，虽然我并没有跟他解释很多，可是爸爸说“你什么都不用担心只管安心读书”，就是这一句话，让我的心忽然安定下来。是啊，还有爸爸呢，不管发生什么事，我最大的依靠始终都在呢，即便我知道以后毕业我必然不会依靠他的力量去从政，做他帮我找的安稳工作，即便我知道以后肯定会自己出去闯，可是爸爸的那句话还是像一剂镇静剂，让我烦躁焦虑了那么久的心，忽然平静下来。

那时我正准备过马路，看着来往的车辆，我忽然就笑了出来，松懈的笑，释放的笑，我看着周遭的吵嚷的人，忽然感觉，我又重新回到了这个世界。

当我过完那两天，再回过头想的时候，觉得真的是太可怕了。噩梦一般掉进思想的黑洞，找不到出口看不到光的两天，真的太可怕了。就是经过信仰动摇的这两天，我明白了失去信仰会有多可怕。如果是一直都没有的话那还好，依旧稀里糊涂过日子，但如果是有了之后又失去，那么失去的绝不仅仅只是一个信仰这么简单，与之同时死去的，还有生活的激情与勇气，我便会由人，变为行尸走肉。

二

从那一场崩溃到下一次正式重新开始写作，我花了三个多月的时间。

这三个月调整期我没有在生活里安排写作的位置，而是像一个普通人那样去生活，上课，复习，期末考试，实习，当然偶尔有灵感的时候，会在纸上草草记录一下，以后有心思的时候再发展成故事。

我在慢慢找回生活的感觉。

当然，这不代表我放弃了写作，它始终在我心底，等待一个恰当的时机，被我重新拾起。

经过那一场崩溃，我发现我心态平和了很多，我不急了。我开始有一种笃定感，我觉得我一定会实现梦想的，一定会看到自己的文字变成铅字的，不过是时间问题。

我等得起吗？我当然等得起，我才19岁，我还有一辈子的时间可以去做这件事，大学毕业了又怎样，大学毕业就不能继续写了吗？我甚至在想：以前自己究竟想不通什么，到底在急什么，赶什么。

回顾往昔，竟觉得后怕，自己竟将生活的全部都押在梦想上，难怪当这“病态的奋斗”被戳破时，自己的生活几乎分崩离析。倘若不是亲情拉了我一把，我不敢想象自己会怎样。

“人生最美的时候不是实现梦想的瞬间，而是为梦想奋斗的过程。”到这一刻，我才真正开始理解这句话。

当我调整得差不多又重新开始写稿子之后不久，我又在豆瓣开了个帖子，因为我觉得这是又一次里程碑式的开始，我的心态有了翻天覆地的变化，我要重新好好地走梦想这条路。

所以这个帖子最重要的目的，其实是记录现在开始自己为梦想所走的每一步。是的，我不急了，我对写字的看法已经健康了很多，但我不否认的是，它在我的生活里依旧占据着最最重要的位置。

这真是我的幸运帖子，开帖第二天，编辑通知我，我的稿子过终审了。

当时的反应不是我曾想象过的，眼冒泪花手打颤，像电视里得了金牌的运动员一样激动不已。我真的以为我会这样，可我当时只是盯着那几个字愣了两秒，然后笑了，内心始终平静。

我想说，梦想啊梦想，你没在我绝望得要死的时候雪中送炭，却在

我战胜自己之后给我锦上添花。我是该谢谢你，还是谢谢你呢？

三

往后就有点顺利了，接二连三地过稿，真是有点儿难以置信。

将心态放松之后，我状态好了很多，不再焦躁，还算平静地看书写字，和室友关系也缓和不少，也开始忙活一些别的事情，比如减肥，比如学英语。

而对于梦想的态度，我又发生了一些变化。

那是我看到十二的一篇文，叫《最难的一件事其实叫随遇而安》，里面有段话是这么说的——

“有一些小朋友问我，怎样才能成为专栏作家。我只能告诉她们，写字这事，远不如过好自己的人生。在文字中造梦，生活中一塌糊涂的人，是一种最大的悲哀和不幸，在我看来。”

就是这一句——“写字这事，远不如过好自己的人生。”

看完之后，我想了很久。

我想起了很久之前，我急功近利地追逐梦想的那段日子，那时我想，我不要去逛街不要花时间打扮不要和朋友闲聊，我所有的时间都要写作，一秒都不可以浪费。我看着很多大神的博客，她们自由随性的生活令我羡慕不已，我当时是这样以为的，只要我的文字可以发表了，还有随之而来的稿费，我就可以去很多地方，我就可以去过那种边流浪边写字的生活了。所以我要再努力一点，要让别人承认肯定我的文字。所以现在艰难一点没关系，只做写作这一件事，生活再不需要其他。

尽管那时的我不愿意承认甚至还自以为状态好，但事实上，是整日没有笑容，所有人都觉得我高傲难以接近冷冰冰，和室友关系剑拔弩张，脾气暴躁，糟糕透了。

直到后来调整过来。

再到现在，文字真正开始发表的时候，再回想起当时的心态，觉得那是多么的幼稚激进啊。就算发表了又怎样呢？得到一次肯定又怎样呢？得到一笔不菲的稿费又怎样呢？生活还是这样继续着，还是要继续上课，考试，和同学相处，大多数时候都是平平淡淡地寂寞地吃饭，睡觉，学习，发表的喜悦自然是有的，但是过后还不是平淡？就像《幸福课》里说的，经历了一个突发的幸福高潮之后，又降回到了幸福基础水平。

曾经，我把梦想当做生活的唯一。

后来，我了然，我说梦想不是生活的唯一。

现在，我更加认可这一句，写字这事，远不如过好自己的人生。

同样地，我如此推断出我所做的其他的事情，学好英语、减肥、练字、阅读……什么都不如过好自己的人生。

当然我不是说这些都不重要，把这些做好都可以让自己的生活更加充实。我是说，最重要的，是愈加丰盛的灵魂，是愈加成熟愈加淡然愈加强大的内心。

想通了这些之后，我的帖子开始走向另一个方向，它不再是我梦想的记录，而是我生活的记录，记录生活中的感悟，记录我在生活中获得心灵成长，记录我一点点拉高幸福水平的过程。

梦想，它当然重要，但请摆好它的位置。它不能代表生活，它只是生活的一部分。

追求梦想是很重要的事，但更重要的是过好自己的人生。

梦想狂热病

前几天豆瓣上又一个友邻说要注销了。当时我只觉得很突然，不是好好的吗，为什么突然要注销呢?

当然作为一个网络上默默关注她的读者，从只言片语中也无法去猜测她的生活，看完她的最后一篇日志，还是不舍，所以手一直往下拖，然后就看到了这样一句评论。大意是说，她的文章几乎全部都是关于梦想的，这样太过强调或许并不是正常的现象，他还揣测作者或许生活状态并不是很好。

看到这句评论我的第一反应就是：乱讲！她怎么会不好呢，她那么努力地靠近梦想，写出来的文字那么温暖人心，怎么不好了？不过几乎下一秒，我又突然觉得……好像他的说法，也有点道理。

因为我忽然想起曾关注过的一个人，她在“每月养成一个好习惯”小组开了一个帖子，她叫完美小姐，这真是一个相当适合她的名字，当然从一个帖子了解到的东西毕竟有限，我只是大概了解到，她想出国留学，当时在北京准备考试，每天都去一所名校自习，每次看到身边那么多金光闪闪的精英，都告诫自己已经差得太多要更加努力，绝不要回到家乡过那种平庸的日子，她要精彩的人生，要走得很远很远，飞得很高很高。

“我不需要爱情。”她说，在一个男生向她告白之后。她说爱情只

会令她分心，只会拖慢她的脚步，她要全力以赴，只为梦想。

她的措辞总是很激烈，一段段地充满了对更好人生的势在必得，很有力量。毫无疑问这个帖子人气特别高，大家都被这种力量感吸引，觉得她很励志，激励着他们也要像她一样努力奋斗。

说实话，我也被激励了一把。我关注了完美小姐，看到这么漂亮的姑娘这么自强不息，我顿时觉得我也应该更努力才行！我经常跑去看她的帖子，当然她也会有负面情绪，比如孤身在外的孤独感，比如看到身边的优秀之人再反观自身时的懊丧，比如对自己过去浪费奋斗时间的懊悔，但是，这一切虽然负面，但终究还是指向她发自内心的对努力的肯定，对梦想的坚持。

所以我觉得有负面情绪也很正常，哪怕它出现得有点频繁。

直到有一天，我在帖子下看到有一个人跟帖，大意是说完美小姐这样其实是不对的，她根本就不开心，这样的奋斗已经有点畸形了。

我看完第一反应是：你才畸形呢！追求梦想也错，努力奋斗也错，那还有什么是对的呢?

这会儿完美小姐已经好几天没来更新帖子了。我翻了翻以前的内容，又看了一遍那个人的评论，不愿承认，自己心里好像有点同意他的说法了。但是我又不想认为完美小姐的做法是错的，因为我可是她的小粉丝啊。我有点矛盾地关掉了帖子。

后来过了几天又去看帖子的时候，发现完美小姐注销了。她删掉了主帖所有的内容，然后没有一句交代地，消失在网络里。我不知道完美小姐最后是否实现了梦想，我只是感觉她离开时的状态让人忍不住有些担心。

梦想狂热病。

其实我也得过这种病。

这种病其实很不容易被发现，因为它披着追求梦想、努力奋斗的外衣。

“这世上没有目标活得浑浑噩噩不知进取的人那么多，你不去说那些人有病，来说我们这些努力奋斗的人有病，你才是神经病。”要是当年有人敢说我得了梦想狂热病，我一定会这样回他。

那时，我认为那么努力的自己是光荣的，是励志的，是值得称赞的。和我志同道合的绝对不少，他们都和我一样，心无旁骛，只爱梦想。会不停地写一些温暖又有力的文字激励自己，会在梦想迟迟不肯实现的黑暗中告诉自己再挺一挺，很快就能看到希望，会去找那些励志的故事，看别人在实现梦想之前吃了多少苦头，然后得到一点安慰，得到一点力量。

放弃是绝对不可能的。哪怕梦想带给自己如此多的焦虑，难过，委屈，煎熬，但是我们绝不放弃，绝不认输。因而所写的每篇关于梦想的文章都是以绝不怀疑的坚持结尾的。

看，我们多么励志啊，自己看了都觉着感动。

有的幸运儿，辛苦地奋斗着，坚持着，终于迎来了一次成功。他应该会更加感动于自己当年的坚持，更热烈地宣扬为梦想奋斗的意义，告诉后面的那些人，当年那么苦我都坚持下来了，所以今天取得了成功，所以你们现在吃苦都是应该的，坚持！一定会成功的！

当然更多的还是不那么幸运的，在黑暗中艰难地坚持着，在梦想带来的各种负面情绪中焦虑，化解，更焦虑。仿佛转进了一个死胡同，分明觉得自己走的是一条再正确不过的路，很多人坚持下去来都成功了，但是自己也说不清为什么，总是如此的不开心。

我刚好是不那么幸运的后者。

看那时我发的心情、日志，几乎没有一项不是以梦想为主题的，有

的是为这个梦想而骄傲，有的是激励自己更努力一点，有的是为梦想还实现不了而焦虑，有的是对已经实现梦想的同龄人的羡慕。事实上我这种状态还受到了很多人追捧，他们觉得我很努力，很上进，我自己也这样认为。倘若不是最了解我的朋友发现我的不对劲，及时点醒我，我还不知道要在那条死胡同转多久。

直到完全病愈之后的现在，我才能对这整个过程做一个概括。

追求梦想当然是绝对没有错的，但是患上梦想狂热病是错的，错在将梦想视作生活的全部。病愈之后，我才体会到，追求梦想的过程中，正常的心理状态，应该是平静的，踏实的，并不只为那最后的一刻而快乐，而是享受了整个过程，以致于最后获得那份最想要的肯定，心情反而并非自己以为的那么欣喜若狂，而只是平静、喜悦。

回看自己病愈之后发表的日志、心情，主题就丰富多了，有煽情的友情赞歌，有鬼鬼祟祟的暗恋情怀，有对陌生人的观察和猜测，有对生活里有趣事情的记录，写出去逛街大战8小时，写哪本书很好看很感人……写我的生活，而不是只有我的梦想。

事实上我已经很少提及我的梦想了。我并非忘记了它，它一直在我心里，我一直平静地为它努力，为它积蓄能量。我很少提及它，因为我已经不需要那么用力地激励自己了，因为我已不觉得追求梦想有多艰难，有多煎熬，有多痛苦，它只是一件做起来心里很平静很踏实的事。

我想，这才是好的状态。

梦想狂热病患者很多，并且毫不自知。事实上判别这种病本身也有点困难，就连亲身经历过一次这种病的自己，还是会一不小心被骗到。看到她写的那些温暖而又充满力量的文字，我多么感动，我多么喜欢，以至于我都忘记去审视一下，她已经连续多少次写这一类主题了？直到别人评论提及，我才想到，一直写着那些有关梦想的话，不断安慰自己、温暖自己的她，会不会是生活过得并不那么开心呢？

她发表完最后一条心情就离开了豆瓣。即便不舍，我还是只能送上祝福，祝福她得以平静、充实地生活。

如果你身边有梦想狂热病患者，不要被他那些励志词汇给骗了，不要以为他多么强大，多么正能量，好像不需要任何人，请多关心他，多提醒他：不要让生活只有梦想这一样东西孤零零地撑着。

如果你刚好就是梦想狂热病患者，或许你会说我神经病。但是没关系，我也曾这么觉得。但是冒着被骂的危险，我还是想把当年朋友问那个为梦想走火入魔的我的问题抛给你——

“你开心吗？你有多久没有大笑过了？”

为你的热爱，找到持久的姿态

减肥于我当真是一项屡战屡败，屡败屡战的事业。

刚开始下定决心减肥时，我算是豁出去了。采用的是最激烈的三天断食减肥法，因为这个速度最快，三天就能减掉好几斤！

那三天饿得我头晕眼花，每天早上爬下床的时候，都要小心翼翼，不然我怕自己会滚下来，蹲下去接水喝时必须很慢，否则恐怕会低血糖晕倒。三天基本上是没有心思干任何事，写稿上课都成了浮云。

不过断食法效果是喜人的，我三天就瘦了6斤。断完三天食之后不久，有一天在去食堂路上碰到很久没见过的同学，他一见到我就说我瘦了，我开心死了。不过很快我就发现，瘦是瘦了，可是胸缩水了！估计6斤里面起码有一半是减了胸了！真是有点得不偿失。不过好歹还是瘦了的，我这样安慰自己，但是不到三个月，我就眼睁睁地看着这6斤肉反弹了回来……而且还不是弹回胸上！

很长一段时间都不想减肥了。但是，肉就在那里，只增不减，想无视它是不可能的。

比如兴冲冲去逛街，看上一件衣服挂在衣架上特别好看，然后穿上身发现衣服被自己糟蹋了；比如去年买的裤子竟然穿不进了？！士可杀不可辱，减肥大计必须卷土重来。

网上的减肥方法数不胜数，什么苹果减肥法，什么过午不食，什

么迈阿密减肥法，都是标榜快速减肥，经过无数次失败之后，我终于确定这些饿死人不偿命的快速减肥法，只会让我吃得更猛烈，肉长得更疯狂。而且很毁身体的。

我觉得应该要健康减肥，饭还是要吃的，只是少吃点，再加上运动，虽然慢一点，应该也慢不了多少的。所以制订了相当完善的健康减肥计划，早午正常吃饭，晚饭吃苹果和酸奶，晚上跳郑多燕减肥操。

可是我严格坚持计划一星期之后，带着一种神圣的心情登上了体重计，屏住呼吸看变动的数字，可是最后静止确定的重量数却让我几近崩溃！竟然一斤都没有少！

这怎么可能呢？我下去又上来，称了好几次，还是那个数，我辛苦运动了一星期，竟然一斤都没有少？

体重不掉，心情烦躁，所以连着两天都没有再跳那个什么破操。第三天一大早还是想不通，起来就百度，为什么运动量充足还是不掉肉？然后发现原来世界不知名的角落还真有和我一样的人。看她们怎么瘦的，其实也没有什么特别的方法，大概就是鼓励增加基础代谢量，坚持运动之类的。

后来看到一个养成易瘦体质的帖子，我这种就是易胖难瘦体质啊，连忙点进去，看完我发现，自从开始减肥以来，我看过无数减肥打卡帖，减肥方法介绍帖，减肥励志帖，但是这一个，却是我认为写得最好的一个减肥帖。

楼主其实并未提供什么特别创新的减肥方法，不过还是吃健康的食物，每餐都有蛋白质，少吃多餐，适量运动，加快新陈代谢，这样一些耳熟能详的减肥要点。

楼主最强大的地方在于心态，我发现她一点儿都不急。她不似网上减肥小组里面的声势浩大的姑娘，说要一个月瘦多少斤，她似乎没有给

自己设定这个期限。她也不似很多姑娘那样节食把自己虐得哭天喊地，她一点没挨饿，她饿了就吃。好像我们都是把减肥当做一项难关，一件痛苦的事，忍过了这几个月解放了，而她却似乎把减肥当成了一种习惯，健康生活的习惯。比起我们，她减得健健康康，开开心心。当我们陷入痛苦的节食和痛快的暴食的恶性循环中之时，她却在长久的健康减肥中已经养成了易瘦体质。

看完这个帖子，晚上出去散步的时候，我忽然想通了很多事情，我想以后散步也可以改成串门，这家到那家，就去打个招呼站着聊聊天，走着绕着小镇走一圈。转完回来，以后也不跳什么郑多燕减肥操了，改跳爵士舞，那个是我自己本身就喜欢的，并且愿意学习的。看到旱冰场，又想，什么时候也可以叫朋友一块来滑旱冰，又运动了还开心。

我想，何必太刻意，太过目的性，减肥也可以是一种养成良好生活习惯的契机，也可以融入生活的其他，也可以不那么寂寞，也可以不那么枯燥。

就算慢一点又怎样？将保持运动、少吃垃圾食品变成一种习惯，享受运动带给自己的幸福感，合理膳食带给自己的满足感，将减肥当做一种健康生活的方式，永久地保持下去，享受整个过程。

这样一想，我忽然感受到减肥这么久以来，第一次的放松。

慢慢来，享受过程，多么似曾相识的想法，当年分明在我写作过程中体悟过一次。

当年刚开始写小说的时候，自己不也是急功近利，逼得自己很痛苦吗？

那时我总是给自己“要快点”的心理暗示，比如要是写了一年你还没发表，估计你没戏了，比如要是大学都毕业了你还没有一篇拿得出手的东西你好意思吗。

我逼自己要快一点，再快一点，但偏偏写作就是一件要慢慢积累的事。当时有个前辈写手说我没过初审就是因为我不够努力，我还为自己辩驳：我天天就围着写小说转我怎么不努力？

我说的没错，但是我忽视了那个“够”字。

不够努力，不是说我不努力，而是说不够。这个“够”是要很多的努力积累起来的，是需要时间的，这个时间不是短短的一个月两个月，起码是以一年两年计的。

那时的我明明就是一匹驽马，却偏偏要学千里马那样的跑法，所以我跑得很苦很累很艰难，几乎要把自己给跑死了。

其实何必那么急，一辈子那么长，慢点来，还怕攒不到那个“够”吗？

我就是从想通这一点之后开始放松下来的，开始拥有一种笃定，笃定自己就算慢点，但只要是朝着那一个方向，就一定能够达成。

慢慢来，享受追求梦想的过程。

而这一次减肥，我也终于说服了自己，像我当年写文章一样，找到了最持久的姿态，继续向前。

结合这两件事，我发现，其实生活中遇到的挫折，都不是你失败的原因，你最终失败的原因，是你没能说服自己，没能帮自己找到这种持久的姿态。

拿我写作来说，退稿信，别人的批评，改文的艰难，各种无能为力，都是这条路上的挫折，生活只负责把这一切都推给你，怎么处理全看你自己。

如果我当年没有想通，就这样放弃了，或者垂死挣扎着再坚持一下，却不知道这个“一下”何时是个头，你会痛恨自己的无能，痛恨自己的没天赋，一直自我否定。

好在，我为自己的热爱，找到了持久的姿态。

坚持其实是比速度更可怕的力量。

慢一点又有什么关系。一辈子那么长，只要坚定地朝着那一个方向，总会到达想去的地方。为你的热爱找到持久的姿态，你将无人能挡。

不知是巧合还是注定，我在战胜了自己的心魔之后，才开始过稿。

而这次减肥，真的好想笑，散完步想通了，我还是忍不住去称了一下体重，竟然比昨天少了1斤呢。

第三章

致独立——坚定而又融入这个世界

- 她总是一个人来图书馆，又一个人去吃饭，她走路很快，每一步都很用力，她表情冷漠，目不斜视，拒人千里。她不需要任何人，也不用被任何人需要。
- 很多看到她的人都会觉得她很独立，很强大，甚至她自己也这么觉得。
- 但只有体验过那样一段时光的人，才会清楚看透，她不开心。
- 认真地看看她的脸，你会发现她脸上的表情不是平静，而带有一丝怨气和敌意。
- 她是世界上最厉害的伪装者，因为她甚至骗过了自己。连她也认为自己这样的状态是完美的，无懈可击的。

你是独立，还是孤立

我喜欢在图书馆七楼靠窗的位子码字，我斜对面的位子坐的是一个女生，她跟我一样，每天都是一个人，但又和我有点不一样。

可能她不记得我，但是我记得她。她是我们专业大三的学妹。

闺密是混学生会的，走哪儿都有礼貌的小妹妹“学姐学姐”地叫，那天跟闺密一起走，就有好几个那时还是大二的学妹跟她打招呼，那个女生就在其中。当时我就觉得这个女生给人的感觉很成熟，尽管她也挺努力地参与话题，但比起另外两个女生那种纯粹的叽叽喳喳热热闹闹，她似乎并没那么多热情，跟她们站一起，显得有点儿突兀，和她们好像貌合神离。

她好像，跟我是同一类人。

出于对同类的兴趣，在她们走后，我跟闺密说那个女生挺特别的，感觉比其他几个成熟多了。闺密说我还真有眼力。原来那个女生虽然低我们一届，不过已经23岁了，也不知具体是什么情况耽误了这么迟才上大学。

难怪，我说道。然后关于那个女生的话题就聊到这儿，对于同类可以远远欣赏一下，但不至于非要结识，我从来不是个热情的人。

直到这次，又在图书馆看到她。我发现，她真的很像我，两年前的我。

她总是一个人来图书馆，又一个人去吃饭，她走路很快，每一步都很用力，她表情冷漠，目不斜视，拒人千里。她不需要任何人，也不用被任何人需要。

很多看到她的人都会觉得她很独立，很强大，甚至她自己也这么觉得。

但只有体验过那样一段时光的人，才会清楚看透，她不开心。

认真地看看她的脸，你会发现她脸上的表情不是平静，而带有一丝怨气和敌意。

她是世界上最厉害的伪装者，因为她甚至骗过了自己。连她也认为自己这样的状态是完美的，无懈可击的。

此刻我和她之间，不过几十公分的距离，我看着她，却似是隔着两年时光看自己。

最初，我们都是依赖型动物，从小时候起，依赖着父母，上学之后，我们还依赖同学朋友。尤其是女生，总是喜欢粘在一起，吃饭要一起，上厕所要一起，彼此陪伴，彼此给对方踏实感和安全感。

其实一直有人跟你一起做事，是一种奢侈的幸福。不是所有人，都能这样，一直有人陪在身边的。至少，我就没那么幸运。上大学之后，就没有人陪在我身边了。

刚进入大学，最先接触的大概就是室友了，我的三个室友分别是米苏、阿P、猛物。米苏性格特别好，温婉柔顺，典型的小家碧玉；阿P热情，像在寝室聊天，她一定积极回应，也爱助人为乐，同时热衷毒舌；猛物，一听名字就知道，出现蟑螂都是我们尖叫她一脚踩上去，缺点是在集体生活中，不那么注重自己的行为对室友的影响。

刚进大学那会儿，我性格上其实是很依赖别人的，需要有人陪着一起吃饭、上课，所以特别想跟室友搞好关系，就算不能三个都好，跟一个关系好也行，只要有人陪着，就不会那么空落落的。但结果却是最坏的那种状况，她们三人亲密无间，我孤身一人。

到底是如何出现这种状况的呢？大概是一些小事的累积吧。

最初令我感到孤立的是我们的消费观。室友家境一般，所以吃穿用度都力求省钱，我家境虽不算太好，但自小家里都不曾亏待我，我自己更是不愿亏待自己，吃穿用度，不求奢侈，但毕竟是有要求的。拿买衣服来说，我就宁可少买几件便宜货，而去专卖店买一件更耐看耐穿的。可是几乎每一次买了衣服回来，问我多少钱，我说完，都会换来她们三人鄙视性的“奢侈”的评价，或者是酸不溜秋的“你好有钱哦”，我只觉莫名其妙，一件折后一百多块钱的衣服，也算奢侈？

即便我分明觉得自己的消费观没错，但是一室四人，三人声讨你一个人时，你还是会感觉孤立无援，会退缩的。所以后来，买件衣服都要胆战心惊，怕被问价格，怕被说奢侈。

也因着消费习惯的不一样，一起逛街总是过于勉强的。她们喜欢去可以把价格砍到20块一件的市场，可我每次进去都会被里面太过密集的小店铺弄得审美疲劳，而且我每次买到很便宜的衣服只穿几次，就会开始觉得这衣服又丑又没档次。我想去步行街逛，她们觉得太贵不想去，我只好自己去。久而久之，我们就再也不一起逛街。

还有一些微妙的时刻，比如下课我收书速度慢了些，然后她们三人已经走好远了；比如去食堂吃饭，我先去坐了一个座位，然后猛物后来，却不晓得为什么她不坐我身边，要坐一个远远的位子，最后米苏和阿P也过来，很自然地就走到猛物身边的位子坐下。

我是个骄傲的人。所以不会在被丢下的时候，紧赶着追上去，不会在被晾到一边时，热情地贴过去。我只会在别人对我不好的时候，努力过好给别人看看；只会在别人抱团成体却未接纳我时，不屑转身表示自

己根本不需要。

就是在那段时间，我学会了一个人吃饭，逛街，上课。说“学会”好像也有点不适合，说得好像我特意去学的一样，或许可以换成“习惯”，被迫习惯。

刚开始，自然是极其不习惯的。拿一个人吃饭来说，似乎总有种微妙的失落感。在食堂，绝大部分都是三五成群地一起，唯有你独身一人，总感觉走到哪儿都有眼睛盯着你，让你觉得自己有点可怜兮兮，最好是别碰到熟人，人家一句惊讶的“哎，你怎么一个人啊？”当真让人除了勉强一笑之外，不知该作何回应。去外面饭馆，点了菜服务员见你一个人说的第一句就是“打包是吧？”好像全世界，包括你自己都认为，一个人吃饭是可耻的。

但是这种失落还是大不过你的自尊，你宁可可怜兮兮地继续一个人，也绝不委屈求全，去跟着别人的小团体一起。

所以渐渐地，就习惯了，好像不再需要任何人，因为已经能够一个人做很多事情。但是，扪心自问，真的不需要吗？

问自己，看到别人一起笑闹时，不觉得羡慕吗？没有嫉妒过吗？不会觉得那笑声很刺耳吗？不会恨这际遇如此不公，偏偏让自己成为那个被落下的吗？不会怀念以前高中初中连上厕所也有好朋友陪的日子吗？出门忘记带伞，在屋檐下看着倾盆雨幕，手机通讯录竟找不出一个可以给你送伞的人，心里没有觉得悲凉吗？英语课分小组练口语，别人就近就亲分组已经开始练习，而你却连个对话的人都没有，心里难道没有一丝失落吗？

但是当年的我，是绝对不会承认的，当年的我自认为独立又强大，表情就像此刻坐在我斜对面的这个学妹一样，冷漠、锐利，走路速度很快，只需要远方的目标，无需任何人陪伴，也从来无心留意路边的风

景。我绝不承认自己的孤独，因为会被那个骄傲的自己鄙视。我必须将自己包裹严实，不对任何不配我期待的人抱有期待。

当时大学里配被我期待一下的人，大概只有闺密。

和闺密是在北京实习时认识，后来回学校日渐熟络起来的，她喜欢我，大约因为欣赏我的独立，我的目标感。比如我想去圆明园，大家都不愿意去，我就一个人去，那时我已不愿被任何人阻挠，要做什么事情，绝不会因“没人陪”这种理由犹豫。事后她告诉我，我当时给她的感觉简直是震撼，不依赖任何人去做自己要做的事情，似乎是她永远做不到的事情，后来越和我相处，越觉得我身上有很多她没有的东西，所以她一直都很喜欢我。

而我，如果一定要为我与闺密合拍找个理由的话，大概是因为她喜欢我，所以我喜欢她。

她的热情是让人难以抗拒的，因为她的热情是真心的，由衷的，她会在老远看到你的时候，就兴奋地大喊你的名字，会在接到你电话的时候，连声音里都透着喜气。

闺密和我同专业不同班，到大二第二学期的时候，两个班要一起上的专业课也多了起来，闺密总是会在她身边留一个位子给我，下课再一起吃饭。

曾经听过一则寓言，风和太阳比赛谁能让人类把衣服脱下来，风卯足了劲吹，希望能把人衣服吹掉，谁知道那个人却在寒风中将衣服裹得更紧，而太阳出马，阳光暖洋洋地照在人身上，他很快就把厚重的棉袄脱掉，开始享受阳光了。

让一个人脱掉强硬伪装的永远不是风刀霜剑严相逼，而是温暖与爱。它才是这世界最尖锐的武器，能剖开任何一颗坚硬的心。曾经我将一堵自我保护的冰墙堆在自己面前，不期待任何人，也就不会对任何人

失望。哪怕心里有一丝隐忍期待，骄傲也始终不会承认。而闺密的出现就好像阳光，消融掉了这堵墙，我开始暴露出柔软的自己，我开始对她抱有期待，我开始对她有所要求，我开始展现出那个绝对自私的自我。

我和闺密之间有一个永恒的矛盾，那就是我周围只有她一个人，而她周围有无数人，虽然她深交的也只我一个，但她身边永远不缺饭友。假如我和她矛盾不说话，她一定能很快找到别人一起去吃饭，而我是那种有点儿精神洁癖，无法凑过去和一个泛泛之交吃顿饭的人。而此刻再一个人去吃饭，就似乎有点不习惯了，就像本来吃惯了清茶淡饭，上天又赐给你山珍海味，于是你愉快地吃了一阵，然后上天又突然要收回这赠予，重新吃回清茶淡饭时，心中那种落差，是难以言喻的。

这种感觉令我极其不安，她的生活并未因为少了我而有何不同，而我却因她受到如此大的影响。好像受制于人，感觉自己不像从前了，所有情绪都掌控在自己手里，不对任何人抱有期望，不被任何人影响。是谁说的，当一个人不爱任何人的时候最强大，我想，我已经不强大了。

她已经走了进来，已经能让我所期望，自然也能轻而易举地打碎我的期望。分分合合的过程，有欢笑，有默契，有温暖，当然也有争吵，有冷战。既然付出了感情，自然就要做好被伤害的准备。既然敢给予期望，自然会想到以后会失望得更彻底。

可是到底忍不住，谁能抗拒两手交挽的温暖呢，谁想放弃饭间闲聊的欢笑呢，谁能无视门口安静的等待呢？

这样柔软下来的后果，是受不了一个人行走的两手空空，受不了一个人吃饭埋头不语的安静，受不了发现没有自己位置时不想承认的失望。

这样的循环往复，吵架，和好，失望，期望，她觉得我不可理喻，我暗恼她不懂珍惜，虽说是磕磕碰碰，但终究还是两人相伴走过大学

两年。

大四刚开始的时候，一个寒假没见，我们相约一起吃饭，看到我她依旧热情欢喜，甚至将跟她一起的研友晾在一边，只顾和我说话。大四课已经不多，我要写作她要考研，轨迹永远是不一样的，但还是希望彼此间有所联系，所以相约每天晚上食堂门口碰面，然后一起吃饭。每天晚饭一通闲聊，总是一天最轻松快乐的时光。但当然，两个人的约定，也是要靠彼此之间的一些妥协来实现的。比如我今天可能来例假痛经，并不太想吃饭，但是为了这个约定，还是会去吃点，或者我写稿正写到酣畅处，换做平时一定是写完再吃饭，而此时已接近约定的时间，便还是会停笔赴约。

当然偶尔我会迟到，比如有一天，我让她多等了十分钟，她就有点不太高兴了，所以那顿饭我努力找话题让气氛活跃一点，不过最后还是听到她说："以后就不要一起吃晚饭了吧，这样等来等去挺浪费时间的。"

其实是商量性的语气，可是难道我会说"不要，你要陪我吃饭"吗？不好意思，我是个骄傲的人，对于要走的人，我从不挽留。我不会告诉她，你亲手掐断了最后一根连进我心里的线，我不会告诉她，你再也没有机会走进来。

"好啊。确实挺浪费时间的。"我笑笑，利落地剪断了线的另一端。

当时回去的时候，其实是一种很奇怪的，很多种不同的感觉汇聚起来：我觉得怨忿，好像就只有她时间宝贵，多等了几分钟就好像要了她命一样；我觉得可笑，朋友之间竟然连这么一点时间都不愿花，竟然还敢说是我是她最重视的朋友？我觉得不值，亏我为这个约定做出这么多妥协，她却可以轻而易举地打破；我觉得失望，她研友众多反正不缺饭

友，她并不如我需要她一样需要我；我还觉得……轻松。

对，没错，最后一种微弱的感觉，是轻松。就是那种终于不用每天晚上老想着几点要去跟她一块儿吃饭，不用为了这个维持这个约定打乱自己的计划的轻松感，就是那种恢复自由身的轻松感，终于可以码字码得天昏地暗，再不必为了谁突然中断自己正在做的事，再不必为了谁改变自己要去的方向。

当时这种轻松感被一堆负面情绪压制着，并未被感知得很清楚，直到两天后，我又遭遇了一次“被丢下”。

除了闺密之外，我还有一个好友，她也跟室友关系不合，而我那时已经和室友关系缓和很多，融洽很多，看到她总一个人走，有种看到以前的自己的感觉，所以有时跟她一块儿走，她是个脾气很好的漂亮姑娘，我们经常一起吃饭，加上闺密有时就是三个人一起。

一般和好友都是上完课回来，再一起去吃饭的。那天差不多饭点儿，我在网上跟她说吃饭去，然后就下线直接去她寝室喊她，结果她说，你没看到消息吗？我跟老乡约好了中午一起去吃饭。

我说，啊？

她不好意思点点头，说要不然我给你带饭回来？

我摇摇头，一个人吃饭去了，心想：怎么每次我都是被遗弃的那个选项？一个要考研一个要老乡，我难道做人这么失败？

接二连三的打击真心让我有点缓不过来，我忽然有种和当年被室友孤立时一模一样的感觉。

当年和室友相处，压死我期望的最后一根稻草是一件很小的事。那是学期刚开始，太阳特别好，我们四个人都去晒被子，到了傍晚的时候，当时我在洗衣服，这时米苏和阿P回来，念叨着上来又忘记收被子了，于是就一起下去收，我衣服还没洗完就打算洗完再说。过了一会

儿，听见她们回来了，念叨着重死了之类的，我还以为她们帮我们把被子也一块收了回来，没想到出来一看，果然自作多情了，她们是帮猛物把被子收回来了。

我笑了一下，下去看到自己的被子孤零零丢在那儿，一种说不出的心情。抱着被子回去的过程中，突然就觉得死心了，不想再期待任何人了，都不配。我下定决心，要对自己更好一点，仿佛就为了证明，自己不需要任何人也能过得很好。然后回去放下被子，拿了钱，就去买了很多好吃的，当然是水果之类的健康食品，还在心里做着各种锻炼计划，健康饮食计划，要让自己活得漂亮。

时隔两年，在被两个闺密同时放了鸽子之后，我又是那种心情，但又有点不同。

我要焕然一新，不需要任何人，要活得漂亮。于是我去剪了头发，买了衣服和保养品，换了隐形眼镜。可是晚上照镜子的时候，我忽然笑了出来——我说，小左同学，你怎么还这么幼稚啊，够了好吧。

如果你以为我会重新回到那种拒人千里，用墙将自己隔离在安全区内的状态，那你就太小看我了。

已经20岁的我，怎么可能不进反退，又退回到18岁的思想状态呢？两年后的我，已经不需要用这样抗拒的姿态来自我保护了。

我这里，没有墙了。

曾经是外表冷硬强大，内心脆弱无比，好像任何人都不能为我所动，其实任何人都能影响我的心情。

后来严密的包裹还是被爱打开了缺口，柔软的内心见了阳光，生机又脆弱，随时可能被伤害，但是谁不贪恋温暖，所以几乎义无反顾地挣开包裹，想要更多。

再后来，那些爱突然被收回，它惶恐着，慌乱着，却发现自己早已

不似当年那么脆弱了。化掉那层包裹，只剩下一颗柔软的真心，舒展于阳光之下，它外形是柔软的，却已经有了坚硬的内核，不为任何所动。它已经未必一定要别人的爱才能生长，因为它已可以自己产生爱，爱自己，爱周围的人，爱这个世界。

它独立了。

终于确定地感知到那种自由感。不被任何人控制，那种想去哪里就去的自由感。并不对别人有什么要求和期待，但同时，别人也无法要求和期待我了。我有自己要去的方向，若我们恰巧同路一段，那就相伴一段，我不会陪你去你要去的地方，正如我也不要求你陪我去我想去的地方。恰如十二说的："你来了，我们就一起走；你不来，我就边玩边走。"

不失望，不生气，平静是基准线，往上是热烈。恰如自己的21岁生日，不像从前的每一年生日，暗暗在心里计较着，这个竟然没跟我说生日快乐，那个竟然不是晚上12点发的信息，这个怎么都不送礼物给我。然后对这个有点小失望，对那个有点不满意，生日，反而成了很不快乐的一天。

今年生日，没有期待任何人的祝福，平静得很。但是收到祝福时，分外惊喜，由衷感激，感觉很幸福。

第一次感觉到自己是这样独立又融合于世界的存在，那么自由，又充满爱意。

我21岁生日，室友，闺密，几个好友一起吃饭，说实话，我感激她们每一个人。我以前和她们争吵过，怨怼过，冷战过，爱过，恨过，但是现在，我对她们只剩下感激，感激她们陪我走过一段路，感激她们都以不同的方式令我成长，长成今天的样子。我喜欢的样子，她们也喜欢、也乐于与之相处的样子。

现在的我，喜欢她们每一个人，珍惜她们每一个人。

我不会觉得谁和谁关系好组成一个圈子令我融不进去，我只会用心和每一个人相处，我足够独立，也足够开放，随时愿意融入一个圈子，也随时可以脱离，独立生活。

我不会觉得谁选择了别的东西放弃了我很过分，或者说我未必会将自己列入选项，我只是一个个体，我有要去的方向，你也有，我们都不必勉强彼此妥协，坚定地去追求自己的方向就好。

现在的我，依旧长期一个人独来独往，问我为什么总是一个人，我只是这条路刚好一个人走而已，我随时愿意接纳要与我同行的人。

若你仔细观察，你会发现，我的表情不是冷漠，而是平静，不是敌意，而是善意，不是尖锐，而是温和。

所以，骄傲的学妹，也许你也跟曾经的我一样，感觉好像别人都相处得特别融洽，唯你怎么也融不进。不要怨怪她们，其实她们并没有错，当然，你也没有错。错的只是你和她们不适合而已。或许因为消费观不同，或许因为年龄差异，或许因为性格，总有这样那样的原因，将你和周围的人划分开来，将其他几个相近的人划到一起。如果你只有一个人，那要怪你自己生得如此独特呢。

亲爱的学妹，如果你落了单，请不要有怨气，不要恨那个圈子里的人，你只要安心做自己要做的事，用心去和每个人相处。

不必委曲求全一定要融进哪个圈子，也不要走入另一个极端，冷哼一声表示不屑一顾，然后紧紧包裹住自己，干脆地切断所有人，拒绝所有人。你以为你这样很独立，但是我想告诉你，真正的独立不是这样子。

真正的独立，我无法下一个定义，我只知道，它应该与自由有关，与平静有关，与爱有关。它坚定，不为任何所动，它又柔软，愿意接纳

和融入这个世界。

亲爱的学妹，看着你就在我几十公分的距离，那么倔强骄傲，又真的很不开心的样子，我好心疼。我好想直接就对你说这些话，可是我毕竟是羞涩的，哪里会有勇气跟一个陌生人谈论这么深奥的话题。更何况，假设当初有人直接跑过来说我这样强大漂亮的姿态是错误的话，我估计会回以“神经病吧！谁说我不开心？我现在好极了！”

我想，有的路终究是要自己走一遍的，有些东西终究是要自己领悟的。成长，不是别人说给你听的，而是你在艰难的生活中，哭着，笑着，一步一步感悟到的。

我相信，你的敏感，你的骄傲，你的睿智，一定能很快帮你剖开生活故意伪装得很难看的外包装，找到它真正想送你的礼物。

亲爱的学妹，我祝福你，快点找到这份礼物——真正的独立。

织锦待繁花

从爱情说起吧。

初中的时候我们看言情小说，看偶像剧，最常见的一个段子，就是女主角不小心从哪里要摔倒了，结果男主角适时地出现，接住了女主角，女主角就这样安然无恙地倒在男主角怀里，羡煞旁人。那年我们的少女心，是不是一次又一次地被这个明明俗套的情节打动着呢。

我想，这个情节之所以总是这么令人神往，也许因为它表达了这样一种情境，那就是当你在最危难的时候，有一个人恰好出现，解救了你。

谁在艰难无助的时候，不曾这样热切地希望过呢。

可是现实的残忍之处就在于，你从楼梯上不小心摔下来，更大的可能是被人幸灾乐祸地围观以及摔伤自己。

没有那样恰好的一双手接住你。

我们不会傻到自己去摔一跤以求有个人出现，却总是那么傻地，在无助的时候会在心里期盼着有一个人从天而降，带你离开这艰难的现实世界，或者哪怕不需要这样，伸出手来抱抱你也好啊。

结果当然是失望。

记得以前看过一篇文章，大意是说一个女孩上自习感觉很冷叫男朋友给自己送外套，结果男朋友打游戏没理，后来这个女孩渐渐不再需要

他，自然也就很快离开了他。这篇文章想要表达的意思大概是，在我最需要你的时候，你没有出现，那么你就再也不必出现了。

当时看到这篇文章的时候，我不禁要拍手称快，它太精准地道出了我的心理。是啊，彻底失望了的心，哪里还敢再期望一次呢。

如果你期望的是某个切切实实的人，或许还能撒气似的在心里埋怨，说以后再也不要对他抱有期待了。可如果你期待的是一个都不说话的梦想呢?

是的，这就是我在回顾我的写作历程时突然想到的。

我写作很长一段时间都看不到光，在最绝望的时候，我那么卑微地幻想着，会有一封过稿信从天而降，给我一点希望，结果打开邮箱，自然还是几封垃圾邮件，我揣着梦想，毫无存在感地存在着。

我是在自己战胜了自己的绝望，重新对写作充满希望之后，才收到第一封过稿信的。在我对过稿这件事已经没那么所谓时，它才像朵花儿似的飘下来，好歹嘉奖一下你追求了它那么久。有点好笑的是，我过的第一篇稿子，其实完稿时间在那段最黑暗的日子之前，也就是说，这封过稿信明明是可以雪中送炭的，偏偏，它却选择了锦上添花。

可是我能责怪它不早点出现吗？我不能。因为哪怕它是来锦上添花的，我也能确确实实感觉到自己的喜悦。我想，或许这才是它出现的最正确的时机。在我终于不把希望寄托于外界之后，在我终于依靠自己的力量扛过来之后。唯有如此，我才能获得真正的成长。

既然对梦想是如此，那么对人，是不是也可以呢?

古话说，雪中送炭是君子，锦上添花的是小人。把锦上添花这个词贬得一无是处，而我审视自己的这一段经历时，却觉得锦上添花也是很好的。

期盼会有人雪中送炭，是把希望寄托在别人身上，借以纾解自己的

压力，实际上，就是逃避本该属于自己的成长。那些当生活把问题推给自己，第一时间不想自己怎么解决，却想谁来帮自己的人，都是在逃避自己的成长。

而锦上添花，则是已经靠自己成长过来，已经织就一段锦，别人不过是可添可不添的一朵花。我想，这种即便在最艰难的时候，也不去寄希望于别人的安慰和解救的人，才是最强大的吧。做这种人的朋友，其实也会轻松很多吧。

所以，在对别人时，我们最好能够雪中送炭，毕竟能在他人需要的时候施以援手，是一件快乐的事，而要求别人对自己时，能够锦上添花就足够了，不一定要求谁来解救你，因为，你本该独立。

爱情也是这样，友情也是这样。

男主角带女主角离开绝望困境的情节固然感人，可惜对男主角要求太高了，倒不如放平心态，独立一点，自己织就这一段美锦，有人添花增色最好，无人的话，自己也不输一段繁华。

你说呢？

我喜欢这样的姑娘，充满骄傲的力量

刚刚出去买早餐，回来的时候，看到送水的车子停在宿舍楼前，不停地按喇叭，然后宿舍楼里一个女生拿着空桶出来，付钱，换成满的桶装水。

我很久没有下去搬水了。以前本来是送水公司送到一楼宿管那里，然后我们去宿管那儿搬回寝室，后来不知道学校抽什么风，不准放宿管那里了。学生只好在宿舍楼外跟送水公司的直接交易，总之挺麻烦，要先打电话，还要等送水的过来，然后还要从外面搬进宿舍楼，再搬回寝室。

所以我们寝室就分两派了，猛物和米苏坚持继续搬水，而我和阿P则不搬，我们刷卡喝走道里的开水机出的水，虽然贵点，但胜在方便。

于是这学期到现在，我都没再搬过水。现在再让我去搬一回，估计挺费劲。

说说搬水这件事情吧。以前我们住一楼，不用怎么搬，滚回来就好，其实那时候我就这么滚几下，都累得气喘吁吁，烦透了搬水这件事。

后来我们搬上三楼了，心想应该一个人搬不动，所以两个人合作搬，我和猛物一组，结果第一次搬水就因配合不好把桶给摔坏了。她说以后还是一个人搬吧，我当然不会求着说要一起了。

于是开始了一个人搬水上三楼的旅程，起初其实心里挺委屈的，住一楼的时候我搬水光用滚的都受不了，现在都三楼了要实打实地搬上来，竟还让我一个人去，不是要我的命吗？

不过又能怎么办呢？只能搬啊。

我都忘记最初几次是怎么把一桶水弄上去的了。只记得每次这个过程都无比地艰难，身体下弯到腰酸脖子痛，上楼梯的每一步都似有千斤重，比身体更煎熬的其实是内心，一边还埋怨着不帮忙的室友，埋怨着这坚硬的生活，总是逼我一个人去做一些力所不及的事，另一边又泄愤般地想：才不需要任何人来帮我，才不会开口求任何人，一桶水压不死我！

总之每次搬水都特愤懑、特委屈、特孤立、特难受。不过后来慢慢习惯了，开始觉得，其实也没那么难。

的确没那么难了。

不知何时起，我已经能不带歇地搬水上三楼了，动作还挺利索。当时觉得自己好强大，哈哈，这种事情都难不倒我，以后男人都可有可无了。

记得前一阵，在楼梯看到这样的场景，一个女生，搬水，弯着腰，弓着背，一步一挪把水一阶梯一阶梯地提上去，两步就停下来看看身边路过的人，而我只是瞟了她一眼，就从她身边过去了。

也许我应该热心一些，善良一些，停下来，说需要我帮你吗？

但是我没有，哪怕她看起来有点像当年很无助的我。我知道，要彻底的孤立，才能彻底地不依赖，彻底地独立，彻底地强大。

生活总有本事让你强大起来。

或许以后回想起来，那个女生会如我一般，感谢生活给予的这一段孤立无援的艰难。它让我们明白，不要总想着别人来帮你，要自己承担

自己的成长。

而今天我看到的那个女生，她把空桶放到车上，跟送水员交涉一番之后，就从车后抱起了一桶水，抱在腹部，没错，这才是最省力的方法，直接抱起来走，而不是抓着桶的小头一点一点挪。

她抱着水转身往宿舍楼走，脚上穿的竟是一双高跟皮靴，脚步利落，踩出“哒哒”的脆响。

我忽然笑了。我觉得这样的画面，比一个男生搬着水，女生娇弱地跟着的那种场景要好看多了。

我喜欢这样强大的姑娘，充满骄傲的力量。

我们都做这样的姑娘吧。

第四章
致生活——生活教会我的事

- 每当看到一个与自己几乎同龄的人拥有比自己多出那么多的东西时，我心里是会不平衡的，为什么同活了十几年，人家已经做出那么多成就，已经被那么多人认识，而自己却还是庸庸碌碌的路人甲。
- 每天在校园里泯然众人地走着，或者像现在油光满面地盯着电脑屏幕看着别人的精彩，愈发对比出自己的微小。
- 愈发对自己寡淡得好像一壶白开水般的生活厌恶。这样没有聚光灯，没有掌声，没有镜头，没有观众，沉默又稀薄的生活。

偶像剧的意义

从小就喜欢看偶像剧，从幼儿园的时候就最爱动画片中的偶像剧《美少女战士》，小学时大爱《流星花园》，初中高中就是看偶像剧的高峰了，什么《恶魔在身边》、《恶作剧之吻》、《王子变青蛙》、《命中注定我爱你》、《浪漫满屋》、《放羊的星星》、《宫》……不知是我审美水平一般还是剧的确好看，总之那时看偶像剧就像吸毒一样过瘾。

到大学自己有了电脑，有了时间，按理说应该又该掀起一波偶像剧的高潮了，但这个爱好却似乎有些销声匿迹了。

回顾大学四年，看过的偶像剧好像屈指可数。

很长一段时间，我都觉得沉迷偶像剧是一件可耻的事。

比如去闺密寝室，每次她室友对着电脑在看电视剧，我都会默默鄙视一下：真是没觉悟。

发生这样的转变，大概是在我决定潜心写作之后。我当时买电脑就是为了方便写东西，所以只要打开播放器，我就有种罪恶感：你怎么来看剧了？你应该打开文档写字。不就清一色的套路，无非就是男女主角起先相互厌恶，然后因为一些不得不的原因，两个人必须要联系在一起，然后就有了感情，千篇一律嘛，有什么好看的。

而且，偶像剧就是一个肤浅的、愉悦精神的东西，是不能指望看了

能有什么大彻大悟的，花掉几天时间看完一部剧之后，却脑袋空空，毫无收获，会让我有种花掉了时间却没有产生意义的想法，无益于我的成长。

还有就是可能因为我也是写这种故事的，所以才会产生一些不太属于“观众”的想法。比如看到自己觉得很烂的剧，就想就这种水平的故事也能上电视，那我要能写个剧本出来岂不是也能上？看到很好的剧，又觉得自己水平差了好远，要更加努力才行。总之结论就只有一个，老待在屏幕前盯着别人的故事成果看是看不出什么的，现在最应该做的事是去打开文档，去创造自己的故事！

总之这些理性的原因令自己的确不能再像小时候那样，沉迷偶像剧了。网上也有很多文章，教育年轻女士远离偶像剧：不要把时间花在这些没意义的事情上，看你蓬头垢面、油光满面地窝在电脑前看偶像剧的样子，看一万部也不会出现一个高富帅看上你吧，快点打理好自己，去经营自己真实世界的生活吧。

的确是很中肯的建议。我自己也特别认可。

但是，我必须极不好意思地承认，我依旧对偶像剧有冲动。

当然现在不是逮着什么就看什么，不知道是现在的剧质量整体下降了，还是我自己已经阅剧无数，对剧情有了更高的要求，总之现在能看得下去的剧的确少之又少，但是对能看下去的，我简直是沉迷其中，很长时间不能自拔。

我平时都很少哭，但是一看剧，我简直比演员还敬业，女主角哭的时候我要哭，她不哭的时候我也要哭。等到故事结束之后，我还舍不得结束，要通过各种途径挽留剧中的感觉，比如去豆瓣找剧评，看剧照，查男女主角的资料，单曲循环剧中的片头片尾和插曲，还要写上N多表达怅惘不舍之情的字。

其实每逢自己这样，那个代表理性的自己，都会羞辱感性的自己一番：丢不丢人啊，多少岁的人了，还看这种灰姑娘的故事，看剧就浪费了几天，剧里的情绪带入太多出不来，干不了正事，又浪费了几天，看看你，浪费了多少大好时光！本来你可以用这些时间看多少书，写多少好稿啊！

这时感性的我也会觉得自己这样很可耻，然后赶紧投身到“正经事”之中去。

是啊，人终归是活在理性的现实中的，现实中高富帅哪能看得到宅家里看剧、出门挤公车的你。现实中的爱情，就是与那么一些庸俗的词汇联系的，比如房子，收入，剩女，相亲，过日子。为了让自己少被庸俗所扰，就要更加努力地去干“正经事”，去学习，去成长，万不能被那些精神麻醉品骗了，还给自己一个更悲催的现实。

这是多么正确多么正能量的想法啊，我真心认同，但是不好意思，我还是无法完全戒掉偶像剧。

回想一下我看偶像剧的历程，从最初地毫无罪恶感地沉迷，到后来开始觉得看这个很可耻，再到现在，觉得偶尔看看也无伤大雅，其实也暗示了我一些生活态度的转变。

最初为什么那么沉迷偶像剧，那么沉湎于别人的故事？大约是因为自己还没有意识到属于自己的故事吧。因为缺失了“自我”的存在，所以不觉得自己的生活也是一个故事，所做的事情都是没有意识，没有指向性的，看偶像剧也是一种打发时间的方式，而且是一种很有趣的方式，它令我们长时间地专注起来，在一个个偶像剧的铺排下，在一个故事结束之后很快又专注于下一个故事，再漫长的时光也显得不那么无聊了。

后来，自我开始觉醒了，开始明白了自己的梦想，自己的目标，

开始为自己想达成的东西而努力。生活不再混沌，时间成了最宝贵最珍惜的东西，一切活动都有了指向性，而看偶像剧对自己的目标不产生意义，所以必须摒弃。应当用一种积极奋斗的姿态来演绎自己的生活、自己的故事，而不是这种油光满面对着电脑看脑残剧的样子。

但是矛盾的是，有时还是忍不住自己突如其来的“瘾”，看到喜欢的偶像剧，就算明知浪费时间，也要去追，去看，带入情绪，不能自拔。这时就有些纠结了，不看吧，心里痒痒的，看吧，又有罪恶感。

实在无法抑制感性，因为那是原始的冲动，是不容忽视的直接感受，所以为了让自己看得不那么纠结，我必须为看偶像剧找到一些意义。

我是在连续看完两部剧之后，突然想到这种意义的。

那是大四，12月份大伙都出去实习了，寝室只剩下我一个人，我每天都泡图书馆，看书码字，过着规律而平淡的生活，偶尔上网，上豆瓣，看到有人推了一篇影评上来，是《我叫金三顺》的影评，我觉得这个评写得特别好，所以突然就想看剧了。然后就写稿什么都通通丢在一边，一头扎进了偶像剧里，看完哭完笑完还不够，我迷上了男主角玄彬，我觉得那张脸简直跟艺术品一样完美，所以很快就找了他演的另一部剧《秘密花园》看，这部剧看得同样过瘾，前半段笑得喘不过气后半段哭得酣畅淋漓。

看完《我叫金三顺》时，我其实特别受感动，虽然这个故事依旧是灰姑娘的套路，但是它表现得很朴实。女主角不论从外表还是她的那种爱情观，都特别朴实，甚至可以说，很傻很天真。我想或许有时看一下这种很傻很天真的爱情，就是来安慰一下现实中越来越坚硬的心，去相信现实中会有这样值得你爱的人；不计结果只要曾经拥有地认真对待每一次心动，对爱情永远保有这种很傻很天真的态度，这样的炽热，这样

的相信，这样的勇敢，这样的坚持。不要那么快被现实同化，保有一种幻想，一种相信，这也是一件挺美好的事吧。

看完《秘密花园》我只觉过瘾，没有什么太多感悟，但就是沉湎其中，单曲循环了那首插曲《疤痕》一个星期。看完这两部剧之后，我又恢复了之前的生活，泡图书馆，看书，码字，平静而规律。这一次好像没有那么罪恶感了，就好像是休息了一下，继续往前走。

或许有时并不一定那么清醒地过每一天，糊涂几天，忘记自己的生活，沉溺到别人的故事里也是好的，不必费心去多想，只要跟着别人的故事走。当别人的故事结束之后，空虚一阵，缅怀一阵，然后再继续回来，写自己的故事。

未尝不可。

现在我大约是半年一部偶像剧的频率，偶像剧依旧是没什么营养的东西，依旧是在浪费我宝贵的奋斗时间，但是我似乎不那么计较了。我开始清醒而坦然地看偶像剧了。

演绎着自己的生活自己的故事，但偶尔也会觉得累，那就去找部剧来看看吧，让自己的故事先中断一会儿，到别人的故事中去，让自己休息一下，休息够了，再往下走。

这就是偶像剧之于我的意义。

既然拥有健康的身体

有次看《寻情记》，里面讲了一个故事，讲一个残疾少女的文学梦，少女名字叫黄杨，得了那种类似小儿麻痹的病，四肢畸形，坐在轮椅上，手也不能自由动作，说话时牵扯得整个脸部表情都很狰狞，话说得不太清楚。就是这样一个少女，用鼻尖敲击手机键盘，写了三部小说，共60万字。

看这个故事中间，有两幕镜头特别令我触动，一幕是她的鼻子里面发脓，医生说她鼻腔里面已经发炎，而这里又是危险三角区，很容易倒流入颅内，引发生命危险，因而绝不可以再用鼻尖写作。她的父母禁止她再用鼻尖写作，把电脑拿开，把她的小说打印稿丢到一边，说不要写了，写了这么多也够了。她情绪很激动，挣扎着要去抢，但是她手脚如何听得使唤，一不小心就从椅子跌落地上，但却还是挣扎不休。她的母亲把遥控器拿过来，说不要写了，就看看电视不行吗，记者也劝她，说这样写下去肯定会有生命危险的。她却滚在地上，挣扎哭喊，却又无能为力，那样绝望的表情，实在令人不忍直视。

我想我能够理解她的心情，倘若真的剥夺她写作的权利，那么不必等到身体坏死便已早早给她判下死刑。如果不让她写作，那便是在她身体已经只能圈禁于窄小房间时，又折去她的思想之翼，剥夺她实

现价值的追求和自由。日复一日空坐家中，这样的空虚年华，只怕生不如死。

幸而她的家人也妥协，同意她继续写作，只不过时间从原先的12小时缩短为2小时。

看到这一幕时，忽然觉得，好像自己能轻松敲击键盘也是一件太过幸运的事情，我还时常嫌创作太痛苦，看到电脑空白文档就头痛。如今看来，此时此刻，能够手跟得上思想，想到哪儿，就能立马在屏幕上呈现出文字，是多么幸福。所以我有什么理由偷懒，是不是应该更努力一点呢？顺便看到她以前每天写12小时，真是有点惭愧，我从不曾这样努力过呢。

令我触动的还有一幕，那是在网上有一个男生对她表白，说看了她的文字，觉得很喜欢她，想跟她见一面。这场表白令她心痛，甚至将自己的文字全部删除了。

记者问她，想恋爱吗？她说，想，但是不能。

是啊，不能。她这个样子，说实话，哪怕我很欣赏很敬佩这个女生，我都不相信有人会喜欢她。我都觉得，除了她的父母至亲，没有人会愿意要这样一个累赘。我都相信，那些网上的喜欢，一定都会见光死。

我说的大概有些残忍吧。

说真的，我为这个女生深深惋惜。20多岁如花般的年纪，不敢奢望爱情，好可惜。

由此我也愈加感觉到，做人真的要懂得感恩。说来我看到大美人总要自叹一番，怎么我妈就没把我生成个美女，现在看来，或许能够做个普通人，能够和许多人一样，上学上班，行走奔跑，哪怕没什么特别耀眼的地方，没什么光环，也是一件值得庆幸的事情啊。至少那不幸的万

分之一，没有选择你啊。我们又有什么理由不满足呢？

既然拥有健康的身体，那就要用灵活的双手去做更多有意义的事，用稳健的双腿带自己去见识自己未曾见过的风景，既然拥有期盼爱情的权利，那就要走到阳光下，去顺畅呼吸，去灿烂微笑，去期待，去遇见，去勇敢地爱。

看，原来我们是这样幸运的。

包容不完美

前几天吃饱了撑的，又去卷了头发。

女人做头发，就像三国的开头，合久必分，分久必合。做头发也是，直久必卷，卷久必直。

进大学时是直发，但是心里一直羡慕着电视里浪漫的卷发，于是就去卷了，结果毁了。只好每天扎起来，等头发长长点好再去弄直。弄直了那么半年多，看到大家都去卷了头发，我又按捺不住那颗躁动的心，又加入了卷发大军，很不幸，这一次还是没有出现奇迹，电视里那神奇美丽的卷发跟我没关系，头发又成了一堆草。后来再弄直时，我已经下定决心，这辈子再也不卷了。

但是，一年之后……

其实我本来只是想把刘海剪短一点，头发打薄一点，最多上直发药水吧。但我偏偏就在网上看到说我这大饼脸适合微微内卷的发型，我又心动了。

在去理发店的路上，我心情是激动又紧张的。两次“血淋淋”的教训提醒着我，卷发需慎重，千万莫冲动！但那股直久必卷的骚动的力量，还是令我义无反顾地走进了理发店。

进去洗完头发，那个洗头小哥问我有没有指定发型师，我说第一次来没有认识的，他就自己去给我找发型师了。我突然意识到，他帮我找

的话，估计会找个新人给我做吧，不过我竟然也没有太多抗性，看到他给我介绍的发型师，果然是一个年轻小帅哥，笑起来让人觉得很舒服。

我指了一款发型，就说要做成这个样子。但是我已经做好了成品与图示相差十万八千里的心理准备了。

果然相差十万八千里。

不过令我安慰的是，虽然跟我要的那种不一样，但是也没我想象的那么丑。好像……还行？看着一直笑容满面的发型师小帅哥，我也实在说不出什么凶残的话来，总之没怎么为难发型师，就付钱出来了。

其实我以前不是这样的。

记得第一次卷头发做出来，简直想死。特别在回去收到身边同学几乎一致的否定意见之后，我真想把那个破理发店烧了！我当时真是钻进死胡同里了，总在想自己本来多好的头发啊，平时剪都不舍得剪的，信任你才交到你手里，竟然给我毁成这个样子，气得我好几天都睡不着觉，干脆扎了起来，省得看了生气。每次经过那个理发店都要送上嫌恶的白眼，并附赠一句：“怎么还没倒闭？”

那时的我，对旁人总是苛刻的，特别是当自己处于类似消费者的位置，是被服务的一方的时候，如果服务者一有不到位，就格外吹毛求疵，觉得他们很不专业。

但后来，我发现自己渐渐宽容起来，是在做过服务者之后。

做过服务员之后，我就知道，有时菜上得慢，或者要个什么东西过很久才拿过来，也许是因为她太忙了，一个人要顾很多桌客人。我就不会一定坐在那里等着她呈上来然后埋怨速度太慢，如果自己可以，就自己去拿；等她拿上来，也别忘说句谢谢。

做过导游之后，我就知道，旅途中很多不如意，譬如饭菜不合胃口，住宿条件不够优越，其实都不是她能决定的，这是一个多产业组

合，她只是其中微不足道的一环而已，她又不是事故产生的原因，干吗让她承受后果呢？我会收起自己的抱怨和不满，至少不把怒气发到无辜的她身上。

不仅对自己做过的行业是这样，其他的也是。比如去银行办业务，接待的是个新人，步骤还写在笔记本上，照着本子一步一步生疏地操作，但总有这样那样的故障，不能顺利快速地帮我把业务办好，已经过去30分钟，我却没有再像以前一样不耐烦地催促，或者要求换一个人。她大概也不过一个刚毕业的小姑娘，谁都有新人的时候，我又何必苛责呢？

回想自己当年第一次做头发失败，心里那万丈怨念，说到底，还是不够宽容吧，绝不允许别人犯错误，要求别人为自己做到完美，一旦没有做到，就觉得人家不能胜任这份工作，简直就是出来害人的。

其实换个角度想，谁是完美的呢？谁能永远有这份心情在你一进门时就献上真诚的微笑呢？谁能保证把你的头发做得跟你想象的一模一样呢？既然是人做的工作，自然会有不完美的地方。我想，所谓的宽容就是去包容别人不完美的一面吧。

其实想想，那不完美的部分，是否真的给自己带来了不可挽回的损失呢？她或许刚好家里有点事，心情不是很好，在接待你的时候不算太热情，可是这样你真的损失了什么吗？或许她还是个新人，动作不是很熟练，耽误了你一点时间，可是你真的有那么急吗？再或者，就算是做头发做毁了，好像也没有什么，反正头发是会长的，烫坏了它也能长出新的来。看我之前已经卷过两次拉过三次，刚弄完的头发就跟草似的，可现在发质不还不错，头发跟四年前也没什么差别嘛。就算弄砸一次丑一段时间也没关系啊，反正时光那么长，总能恢复过来的。

下次遇见不太完美的服务，或许可以先问自己两个问题：第一，换

了自己，能每时每刻让每个人都满意吗？第二，那一部分不完美给自己带来的损失，真的不可挽回，真的值得自己那么大动肝火吗？

根据我做导游的经验来看，越是吹毛求疵的客人越是玩得不开心，他们对饭菜不满，对风景不满，对导游不满，觉得什么都不合意。然后在怨念中失掉旅游的乐趣。反而越是不那么计较的客人，即使一路上遇到格外多的“意外”也能当做有意思的经历，比如车子在高速路上抛锚，男人积极帮忙修车解决问题，女人则自得其乐去高速路围栏外的草地采蒿拔笋子，玩了一个小时车修好了，大家又开开心心上路了。

原谅和包容那些不完美，其实最快乐的是自己。

吊儿郎当是件痛苦的事儿

毕业季，论文说来应该是我最头疼的事。很长一段时间，它甚至是我的焦虑之源。

身边的同学都交三稿了，我一稿还没弄完，更要命的是，我完全不想弄。甚至只要一想到开文档搞论文，我就焦虑得要爆炸。

当初要开题答辩时我还在长沙实习，根本没时间也没精力，不过还是挤着报了个有关导游心理引导类的选题，我对心理学很有兴趣，又当过导游，做这个题目我觉得有意思。

导师说不通，说不好写，说落点不好。

我心想，我要坚持写这个题的话，一方面导师这边难说服，另一方面我要看更多文献资料，也很耗神。于是，我就随大流选了个又大又空的题目，心说也好，省点时间和精力去写稿。

谁知道吊儿郎当是一件这么痛苦的事。

定了这个没什么意思的选题之后，我就懒得理它了，丢到一边迟迟不肯开动。实习期的时候还有借口，上班忙嘛。等回到学校，我磨叽了十天才开始联系导师。这时室友她们都已经交二稿了，我还没开始写呢，我也有点急了。

每次写论文都是一次激烈的心理斗争。每天早上我都在床上问自己，今天是写论文还是写稿呢？嗯，上午写稿，下午写论文。

然后我就开开心心地背着电脑上图书馆了。但是要我在上午12点之前收手是不可能的。我一般都会写到下午2点。饿得不行时去吃午饭，吃完回寝室又觉得好累，所以还是睡个午觉吧。醒来发发呆打打坐，就到晚饭时间了。晚上可是灵感大发的好时机呢，不能浪费，所以我又背着电脑去图书馆了。

然后，我又在一种“怎么办，论文还是一滩烂泥，要毕不了业了”的焦虑中过完一天。

我妈打电话过来说，要弄清主次啊，现在最重要的是写好论文拿到毕业证。朋友也劝我，说快写完论文才好安心干别的事啊。

我知道，我全都知道。但我说不清为什么它令我如此焦虑。也许因为我已经认定了这是一件毫无意义的事情，再多时间精力的投入也不过是为了那一纸学位证书而已。我已经不准备用心去做这件事了，但是这又令我痛苦。

记得小时候，最讨厌上的就是数学课，每次上课都觉得时间过得特别慢，总是忍不住问有表的同学几点了，越问越觉得过得慢。有一天数学老师说，越是用心听课的同学，越觉得一堂课一下子就过了，越是不用心的就越痛苦。那次我就试着用心听了一节课，果然，我还没问时间，下课铃就响起了。

上班的时候也是，有一次同事休假，我一个人在办公室，当天也没什么任务，我闲了一整天，就上网聊天，下班走的时候，却没有丝毫的幸福感和满足感，反觉得没劲透了。

原来不用心，不认真，最痛苦的还是自己。

所以后来我把论文当做每天的第一项任务。都说人在早上意志力是最好的，所以我把写论文安排在早上。写一个早上，下午再去写稿或者做其他事。

磕磕绊绊地，还是弄完了论文，通过了答辩。这件事让我明白，做一件必做而又不想做的事，自以为吊儿郎当省下了时间精力，殊不知这才是最大的浪费，因为带给了自己一个痛苦的过程。

也许下一次碰到类似的事，可以放下心理抗拒，用心去做，努力去做，说不定还一下子就做完了呢。

哪怕不喜觥筹交错，但既然你出席了，就要产生意义

答辩前一天，导师请我们几个吃饭，说已经定稿了，就好好放松一下，明天答辩。师母和她带的几个学生也会一起。

“我们这边喝酒可要喝赢她们啊！”导师半开着玩笑说道。

我顿时觉得没意思，还要喝酒啊？

临近毕业总是有很多聚会，酒自然必不可少，毕业晚会庆功宴，谢师宴，各种场合都有酒，但反正都是同学，我不喝也没人逼我。

前几天谢师宴，别桌都热热闹闹喝酒，还有很多人去找老师敬酒，我们这桌都闷声吃菜，也没见几个人出去敬酒的。

吃完饭问了好几个走不走，她们都说再等等吧，我一看这顿酒不知道要喝到什么时候，我无聊得简直等不下去了，就先走了。

临走看到饭店冷眼瞧着这群闹酒的疯子一脸不满的服务员，顿时很理解她们的心情。

我想起大一那年暑假，在北京一家酒店当服务员的情景。

那时候我最嫌弃的就是这种敬来敬去，害我下班时间拖到无限晚的客人。

记得有一次，是一家富得流油的国企在我们酒店给他们的新员工做岗前培训，新员工都是些帅哥美女，听管会议室那边的人说，这些新人

不是名校就是海归呢。听得我羡慕不已，在当时那个上着二流大学又没啥见识的我眼里，他们简直就是电视剧里的那种城市精英，高端大气上档次。

那天晚饭是这家公司的大聚餐，我和另外一个同学刚好分到那个厅服务。

那是我头一回对领导、酒桌文化有认识。

领导就是那个最晚到场，并且他不来大家都不敢开动的人，就是那个众星拱月所有人都要争着抢着跟他敬酒的人。

说实话那天晚上的场景令我对这帮“精英们”有点鄙视。

饭没吃几口，他们就都争先恐后地端着酒去敬领导，喊得那叫一个亲热，笑得那叫一个欢，这个敬完了下一个，绕弯了又回来再寻个由头敬。我看他们狗腿的样子，突然觉得他们形象一点也不精英。

和同学小声说着我的看法，她说：“其实我们以后进社会了也要这样的。”

我惊愕了两秒，又点头，好像也是。也许有一天，我也要像他们一样。这真是一件挺没劲的事。

时隔四年，我发现自己依然没有进步。依然不喜欢喝酒，不喜欢酒桌文化。

谢师宴那天我还可以因为“反正老师不认识我”而先逃走，但是这一次自己导师请客吃饭要喝酒，好像还真没办法推脱了。

一共12个人，导师和师母，我们这边5个学生，还有那边师母带的5个，叫了两箱啤酒。

导师酒量很好，师母说他原来是喝不了酒的，后来做行政工作了，经常有应酬，不得不喝，慢慢酒量就练出来了。

我总是很奇怪，为什么人们喜欢喝酒，一杯酒干到底真的能代表什

么呢？酒桌上碰个杯的交情真的有多深吗？有时我观察别人喝酒，那表情分明是痛苦的，为何完了还做出一副痛快豪爽的样子？还有的人借着各种无法推脱的由头，逼迫别人喝酒，那种不怀好意的表情分明折射着某种变态心理，他们为什么要这样？还有给领导敬酒以求表现的，没人觉得把工作做得出色才是正经事，比喝酒有意义多了吗？似乎很多人一开始也是喝不得酒的，被逼无奈喝多了练了出来，他们内心里或许也是并不爱喝酒的吧，可是为什么他们又转而去逼迫新的不会喝酒的人呢？

几分钟的时间，心里已经百转千回，话虽如此，但导师和师母的酒还是要敬的。喝完导师又撺掇我们两边的人互相敬，那边有人敬我酒，一口喝完这种事儿我可干不来，我喝了小半杯。

那边组长抓住不放了，说我都不喝完，不给面子之类的。

我心说你要这么想，我还真没什么面子好给。当然我说出来的是不好意思平时不喝酒，喝不了。

那边紧着不放，我才懒得搭理，我放下的杯子就没有再端起来的道理。见我不接，那边只好把炮火转向我们这组组长黑哥，说让他把我剩下的喝完。于是黑哥替我善后了。

从6点吃到8点，这顿饭还不散场，又不好提前走，可我真是有点坐不住了，因为真的很无聊。

对面组组长是个东北的女生，很能喝，一边借酒量气焰十分嚣张地打压我们组，一边给两个老师敬酒，顺便不吝赞美：“我觉得您比一般同龄人看着都年轻。真的。”她特真诚，一连说了好几个“真的”。

其实每当看到她无比真诚的表情，我都不合时宜地有点想笑。

一句同样的话重复的次数太多了，就令人感到有点不真实，但我看着她有点词穷但特真诚的赞美，还是有点佩服的。

因为同样的两个小时，她过得如此配合，如此融入，而我过得如此抽离，如此无聊透顶。

那些场面话我也都会说，酒我也未必喝不了，既然来了，为什么不干脆投入一点，演得逼真一点呢。何必又较什么劲，在一旁无聊得度日如年呢？

要么就干脆不来，既然来了，花了这个时间，就还是让它产生意义吧。虽然我并不认同这种文化，但大势所趋我也未必敢抗拒这种文化。就像所有人都去敬领导的酒了，我肯定也要去敬一杯的，省得我一个人太突兀，让别人还以为我对领导有意见。

我不靠酒桌为我加分，但也不能由着酒桌给我减分。

我想起了三年前，同学看着那些端着酒杯到处敬酒的精英们说的话："以后我们也会这样。"

是的，我也会这样，我终于承认了这一点。但是我并不讨厌这样的自己，甚至想起当年被我一棍子打死的精英们，觉得自己不该如此武断，他们或许不该被鄙视的。

他们或许跟我一样，明白随大流有时也是一种保护色，保护棱角分明的内核。有时特立独行的代价未免太大，何必非要那样惹人注目，不如省点精力，给自己打造一个泯然众人的外壳，对外无害，对内自在。

尽管我相信真正的努力比觥筹交错更有意义，但下一次，若有一场推脱不掉的酒席，我必盛装表演，尽情投入。

因为……这样感觉时间过得快一点呀！

我以为，没有人不享受舞台的感觉

我曾经写下过一连串大大小小的梦想，五花八门，比如出书，比如环游世界，比如装修设计自己的房子，还比如，一场爵士舞表演。

临近毕业，刚好就有这么一个机会。学院组织了一台毕业晚会，每个毕业班都要出个节目，我们班决定出个舞蹈串烧，首先是草蜢的《失恋阵线联盟》，然后是一个性感爵士舞，压轴是我们班男生跳《天竺少女》。

毕业晚会那天，我们的节目将整场晚会的气氛掀到最高潮，后排的人全站了起来，扬着手尖叫，全场热浪一片，声音几乎淹没了音乐。

表演完，我们兴奋地抱在一起尖叫，刚在下面看的同学也不吝赞美，说太赞了。顿时自信心爆棚，我们顶着都要花掉的浓妆凑在一起合影，然后去吃夜宵庆祝这个精彩的句号。

在去夜宵店的路上，我们几个还在陶醉。“我看到前面那个男的好激动喔！”、“气氛实在太好了！越跳越来劲！”、“尖叫声好大啊！啊，太棒啦！”

夜色温柔，夜风凉爽，我一边回味刚才的感觉，一边想，应该没有人会不享受舞台的感觉吧，那种所有目光的焦点，呐喊的中心，艳羡的目光，多么让人有一种……绽放的感觉。

回想从开始排练到圆满收尾整个过程，愈发有种极大的满足感。

真的很想对自己说一句，你真棒。

跳爵士舞的是五个女生，水平都是业余及以下，我这种学过一个学期但跳不出一支完整的舞的还是里面最有底子的……一帮弱兵就这样勇敢地开始了。

面条选了个视频，有快的表演部分，也有慢的教学部分，我们就照着上面的学，一开始速度特别慢，一个晚上只能学一个八拍，这种时候最没劲了，因为重复跳那么几个动作挺无聊的，问题是还跳得不好看。

第二天我们照旧去宿舍二楼那块空地对着电脑慢慢练舞。而与此同时，空地的另一边是小学妹在排舞，也是为毕业晚会准备节目，她们动作已经相当熟练，直接跟着音乐走了，她们的音乐可比我们的快了一个档，动作也比我们的有难度多了，可是她们跳得那么性感又不失力量，动作整齐，一群人跳起来特别有范儿。反观我们，还在慢吞吞喊着“一…二…三…四……”学第二个八拍。

被小学妹瞬间比下去了，我们顿时都有点泄气。不过一想其实也没什么好嫉妒的，她们到这种程度，肯定之前已经练了很久了，我们才练多久啊，充其量三小时，竟还希望能跟她们比。羡慕别人也没用，还是好好练吧。

刚开始真的挺艰难的，那些动作看起来好看又简单，可是学起来发现掌握精髓还是蛮难的，所以学得很慢。但是渐渐地，越往后学得越快了，我们的学习进度从一开始一天学一个八拍，到一天两个，一天三个。到后来也开始能连贯起来跳一小段了。不过大家到这里都有些懈怠了，晚上要是面条没来叫，我们就不会主动集合去练舞，一到晚上我也挺累了，巴不得不练，好偷个懒休息下。估摸大家都有这么个惰性。

所以不知不觉，已经有一个多星期没练过了。

让我们终于紧张起来的是彩排的日期。还有一天就彩排，我们才

急急忙忙重新开练，这下好了，又回到解放前，之前学的都忘得差不多了，又要重新记，跳得参差不齐，还性感爵士呢，分明是一顿乱舞。

彩排还是如期而至。那天早上我们爵士舞组和草蜢组、天竺少男组合了一下，毕竟是个舞蹈串烧，还是要串起来的。草蜢组的动作记得挺熟练，天竺少男们虽然舞蹈水平不高，但是笑点就在这里啊！唯有我们爵士组，动作记得也不熟，跳得也不到位，没有那种味道，再加上有人快有人慢就是合不上音乐节奏……

我们几个都有种想逃跑的感觉，这种水平拿上去未免太丢人了。没办法，彩排是必须要参加的，赶鸭子上架，我们节目排到第七位，从前面的一路欣赏过来，看到舞蹈节目就各种自卑。

面条突然说："怎么办，我好像动作都忘光了。"

我好像也是……

我们赶紧找个角落记一下动作，不过临时抱佛脚也没用，那天彩排我们上台的表演可以用"惨不忍睹"来形容。

下台后我们都很沉默，果断受了刺激，那天晚上就自发集合练舞了，练得格外狠。

从彩排完那天开始到正式的毕业晚会，我们几乎每天都练，慢慢记熟动作，动作做到位，找到感觉，慢慢合上节奏，做到连贯流畅，跳得整齐有力。

准备充足的感觉就是和瞎混的不一样，毕业晚会那天正式上台，我一点都不紧张，动作早已烂熟于心，急不可耐地想快点表演。站在舞台最中央，台下尖叫响起，比平时排练更有感觉，跳得更尽兴。

庆功宴那天玩到凌晨才回宿舍，躺在床上，闭上眼睛，脑海里依旧是舞台上的劲歌热舞。

我想到了很多。

比如，当看到精彩绽放之时，不用羡慕，在你没有看到的地方，她已经沉默地积累了很久很久。每一支精妙流畅的舞都是从别扭的第一个动作开始的，每一口流利的英语都是从生硬的第一个单词开始的。台上时长不过一分半钟的表演，也许她已经为了这一分半钟练习过成百上千个小时。

或许那短短的绽放并不是生活的常态，枯燥、重复的练习和沉默、孤独的积蓄才是。

不要在还没积蓄够的时候就急不可耐地登上舞台，准备不足的样子一点都不好看。还没到足以绽放之时，就请继续努力积累。

这种从积累到绽放的过程，实在太美妙了。

我太热爱这个过程，因为每经历一次这个过程，我都会比从前更有力量，更相信自己，更相信努力的意义。

不论是说跳舞，还是与梦想有关的一切。

对自己宽容点

读柴静的《看见》，这本书涉及各种或感动或同情或无奈的故事与真实，它们都给予了我一些触动，然而我最喜欢的，合上书之后依旧感触良多的，还是作者的成长。

从书的开始，到结尾，我看到了她的成长。

看开头，我觉得柴静真是嚣张，意气昂扬，眼高于顶，一种专属于年轻的嚣张，一种我没有办法不在心里暗暗鼓掌的嚣张。后来她去东方连线，做得郁闷不已，自己找不到那种用心的感觉，周边同事领导也对自己越来越失望，内外夹击之下，似乎那一年的时光每一天都煎熬又麻木。说实话看到这里我变态的心理得到了某种满足，看，后来这么厉害的人也有这么一段被别人否定，甚至被自己否定的曾经啊，如此地抑郁不得志，如此暗无天日，找不到出口。甚至那一年的时间都是在做一些只是为了让领导让同事开心的选题，并非出自本心，换句话来说，就是做些于自己没有意义的事情，直到后来调去新闻调查组，开始做自己想做的东西。

这又令我安慰，是不是在做自己真正想做的事情前，总要先做点不得不的事呢？是否在触及“意义”之前，总要做点无意义的事呢？看，连柴静都做了一年无意义的事，我这实习才多久啊，这就不耐烦了？那还怎么去触及意义呢？

继续往下看，中间好多次，我都觉得柴静其实有点尖锐，那种举着正义大旗特理直气壮的尖锐，刺得当事人无语凝噎。我想，怎么能这样呢，弄得人多难堪。不过似乎当时她就没怎么意识到这一点，陈虻劝她，她还死不悔改。

但是，恰恰是她反驳陈虻的那一段对话，是我在全书最喜欢的一段。

“你为什么总是不听我的？”陈虻说。

“我有我自己的标准。”

“但做一个伟大的记者必须要这样。”

“我不需要成为伟大的记者，我只要当一名合格的记者就行了。”

“可我说的都是对的。”

“我不需要完美。”

看到这里，真是不由得为她的冥顽不灵拍案叫绝。我觉得她真的是一个自我非常强大的人，自己有想法，并且非常顽固，别人是说不通的。同一个问题一定要被很多人，并且是于她很重要的人，反复碰触，她才会开始觉醒，开始觉得：咦，好像是该改一改。幸好她身边都是对她格外宽容的人，用几年漫长的时间，等她慢慢意识过来，改过来。

而我喜欢这样一个过程，大概因为她醒悟、改变的过程很“慢”，这种“慢”能给我一点安慰，因为我也很“慢”。事实上我很善于自省，总是很容易知道自己的缺点在哪里，哪件事做得不对，但我还是很“慢”。她“慢”在醒悟的过程，而我“慢”在改变的过程。

我有时甚至会快过别人的眼光，首先发现自己的缺点，但是我却很难很快改过来。比如自己的冷漠，有时有学生会的小学妹来寝室交代些什么事情，我明知道留给人家一个坚硬的背影她一定感觉不是很好，但我还是忍不住盯着电脑屏幕就是不想转过头来。等小学妹走了之后我又

开始懊恼，自己为什么不能转过来那么几秒钟，至少回应她一下。比如我很缺乏耐性，当别人有什么事要麻烦我的时候，我总是很不耐烦，但是过后又觉得自己太自私了。

我总是会在同一个问题上绊倒很多次。就像明知前面是个坑，还是会义无返顾地跳下去。

而且要命的是我对自己一点都不宽容。像柴静，自然谈不上对自己宽不宽容，因为她自己根本没有意识到这些，但幸运的是她身边先于她意识到问题的人，都对她很宽容，都愿意等她慢慢发现、改过。而我，我是特别容易发现，却很难改过。

不仅在性格方面，在做事能力上也是。比如我适应新领域的能力不强，一遇到新工作，总是显得力不从心，甚至一再犯错误。我会讨厌自己为什么能力这么差，不能让身边的人满意，即便周围的人理解我，包容我的错误，而我倒成了那个对自己最不宽容的人。

我总是会苛责自己为什么这种性格，为什么能力这么弱，为什么做不好事，但是这种苛责并无太多积极的作用，并不能帮助我马上进化成完美性格，并不能让我立刻就把事情做好，反而令自己更否定自己。

我忽然想起以前数学老师总是不断强调，让我们做一个错题集，说只要保证每一个错过的地方不犯第二次错误，就一定能拿高分。

我当时觉得这很容易，错了一次的地方谁还会再犯呢？但是我小看了思维惯性的力量。我总是错在同一个问题上。

如今也一样，不要太小看已经形成的性格所具有的强大惯性，也不要太高估能在新工作中摸索出规律开始得心应手的速度。没那么轻易就能进化成更好的人，没那么简单就能把一件新工作做好。

至少我已经能肯定，我没那么容易做到。

读完《看见》我在想，是不是我也该对自己宽容点，就像柴静身边

的人对她一样，就让自己在一个问题上多错几次，多摔几个跟头，也许在一次一次的累积中，慢慢就改过来了。

这本书从头看到尾，看她十年的成长，而陈虻对她这十年只是说，没什么变化，就是宽厚了点。

以前我总是会幻想今后的自己是怎样的，比如一个暑假开始的时候总会幻想自己经历两个月的保养减肥看书写字，会如何地白瘦美，写作水平大幅提高；大二的时候总会幻想大学毕业以后的自己，该是多么能力出众，百战不殆，坚不可摧。但事实上，不论是两个月后还是两年之后再回头看，并没有那么翻天覆地的变化。

或许成长本就是一件缓慢的事情吧。对自己宽容点，不要对自己要求太多，恰如柴静所说，“我不需要完美”。

是，我不需要完美，我不用几年成就自己一个什么光辉形象，我只需要几年之后，与现在的自己相比，热情了一点，做事熟练了一点。

这“一点”就算成长了。

羡慕别人的生活，其实是因为自己的虚弱

有时喜欢看名人传记，每次看到那种才十几岁已颇有成就的就很羡慕，或者看到那种从小就有神通迹象的名人更是格外嫉妒，也懊恼自己都二十几了还是这么一副平庸模样。当然也有的名人刚开始是极其艰难的，经历了一段漫长的低谷期之后，年岁较大才慢慢好转，这又会安慰到我变态的心理：看，连××都直到三十岁才开始觉悟的，你可比他好多了。

我发现自己特别在意年龄这回事。

本来已经很少看选秀类节目了，但是《向上吧，少年》出来的时候，我一下子就被吸引了，因为那里面都是一些十几岁的少年，才能各异，但有着不合年龄的精彩。

看到他们，你就觉得有一股能量在流窜，就会想，年轻，算什么借口？或许越是借口说因为年轻所以暂时不行的人，也许过了几年还是一样平庸。看到这些年轻人，你就觉得过去的时光里，原来还有这样一群人，以这样的方式，这样的速度成长为这个样子。会觉得，自己过去不够努力，要更努力一点才好。

各种巧合看到了一个摄影师的博客，这个摄影师的名字我在很多杂志的配图上看见过，今天才知道他竟然是个大学生，博客里他的生活真是精彩，还那么年轻就已经做了那么多那么多事情。后来一年之

后，又是一次心情浮躁，在网上游荡，又点进了那个摄影师的博客，蒋劲夫？那个演电视剧一炮走红的帅哥也叫蒋劲夫啊！别告诉我他们是同一个人！结果证明，真的是同一人。一年前已经够让我羡慕的摄影师，如今更让我嫉妒得发狂了。1991年出生的他竟已事业丰收，家喻户晓。

每当看到一个与自己几乎同龄的人拥有比自己多出那么多的东西时，我心里是会不平衡的，当然我是指个人成就之类的。也不是嫉妒别人拥有的，主要在于一种懊恼，为什么一样的年纪，他已经经历这么多，而我同样逝去的那些年，我又浪费在哪里，以至于是现在这副平庸模样，似乎没有一件值得骄傲的事情。

真的会有这样的心理，如果那个人比自己大很多还好，我还可以安慰自己说人家这不是比你年长几岁吗，可是一旦是差不多同龄甚至比我还小的，我就很懊恼了，为什么同活了十几年，人家已经做出那么多成就，已经被那么多人认识，而自己却还是庸庸碌碌的路人甲。

我时不时就会有这样自我厌恶的感觉。出现这种心理其实是很痛苦的，连自己都在否定自己，可是又无力改变，明天还是会和今天一样波澜不惊，无人知晓。

我发现自己产生这些情绪都是在格外浮躁的时候，当我浮躁得看不进书，写不出字的时候，我就会开始东张西望，去看看别人过得怎么样，别人过得不好我就感觉格外安慰，别人过得好，我就会羡慕别人的精彩，也愈发觉得自己没用。

所以我特别佩服刘瑜，很早就读过她那篇《一个人像一支队伍》——“我的快乐很少，当然我也不痛苦。主要是生活稀薄，事件密度非常低。就说昨天一天我都干了什么吧：

10点，起床，收拾收拾，把看了一大半的关于明史的书看完。

下午1点，出门，找个coffe shop，从里面随便买点东西当午饭，然后坐那改一篇论文。期间凝视窗外的纷飞大雪，花半小时创作梨花体诗歌一首。

晚上7点，回家，动手做了点饭吃，看了一个来小时的电视，回e-mail若干。

10点，看了一张DVD，韩国电影《春夏秋冬春》。

12点，读关于冷战的书两章。

凌晨2点，跟某同学通电话，上网溜达，准备睡觉。

她就是用那样简单又平静的语调，来写她一天稀薄又平淡的生活。

她的生活也跟大部分人一样，一个人，沉默，稀薄，平淡，无人注视。但令我不得不佩服的是她那份平静，或者习以为常，或者说不把它当回事的心态，就看看书，写论文，看碟，度过平静又丰实的一天。

这样安心地归于沉默，归于白开水般的生活，是源自多么强大的内心啊。

我想，自己终究是太过浮躁，总是静不下心来，读一本书，丰实一段时光。浮躁的时候总是最虚弱的，倘若自己心境平和，努力认真过自己的生活，慢慢积累的时候，又怎么会羡慕别人的生活呢?

更何况，仔细想一想，在那些聚光灯汇集的地方的少年们，他们的青春似乎的确比我们这些在图书馆默默看着书，码着字，去食堂吃着饭，在校园无人认识地行走的孩子，要精彩得多。但或许他们为了舞台上的那一刻，之前已经付出了类似我们这样沉默又无人知晓的很长一段时光吧。或许我们所选择的，内心热爱的，就是要这样在沉默中积累和

达成的吧。

那么，有什么好羡慕的呢？

认真过着自己的生活，度过丰实宁静的时光，也就不必，更不会，去羡慕别人了吧。

第五章
致现实——当文艺遇见职场

- 实习期，我发现自己丝毫不能免俗地，可以被冠以那个经常被用来形容大学生的词汇——眼高手低。
- 我开始无比怀念原来在学校的日子，在校时，通过对时间的合理安排，几乎每一分钟都产生意义，阅读的意义是积累，写作的意义在创造，哪怕发呆、散步，都有愉悦生活的意义。
- 可是工作，虽然也有“有意义”的内容，但是比起那些琐事占用掉的时间，简直少得不值一提。

有的路，或许坚持下来才能看到意义

大三一整个暑假，我都在茫然纠结，思考以后该做什么行业，毕业之后会面临怎样的生活，想了两个月无果，却在假期临近尾声的时候，找到一个不算答案的答案。

顺着友邻的推荐看了《打工仔的梦想房》，从第一集开始就很有代入感，一个考上一个马马虎虎的大学的年轻人，毕了业找了个马马虎虎的工作，做了三个月也积怨了三个月，觉得制度很奇怪、上司很苛刻、同事很疏离，他受够了这个鬼地方，结果辞职后再找不到新工作。家里父亲怒目相对，说他自己没能力还怪社会，这么大了连自己都养不活。

就是这么一个开始，太平常又太真实。好像哪个刚离了学校，前路茫茫的孩子都会觉得那就是自己。

毕业，好像引线即将燃到最后的炸弹，那“刺啦啦”飞速移动的花火，令人莫名恐慌。我偶尔会在辗转反侧的夜晚，想以后我会做什么样的工作，会在哪一座城市，怎样租到一个能够承受的房子，有没有空调。会怎样做饭，洗碗，洗床单，倒垃圾，做这些我现在一点都不想做的事，厨房是否会有老鼠蹿过，会不会在地上看到恶心的虫子。

好吧，其实对我来说，或许生活还是一件相当艰难的事。我喜欢一个人的自由，但又太缺乏一个的能力和勇气。当然，日后是会磨砺出

来的，艰难了之后，或许会有更大的收获。只是在这个还未真正开始磨砺的现在，还是会恐慌。就像小时候打针，排队的时候一边害怕轮到自己，又一边期待快点打完的心情。

毕业，就是这样一件令人又期待又害怕的事啊。

不知所措的地方还有工作，关于什么样的职业才是真正喜欢的，到底做一份什么样的工作才能最好地成长，才不算浪费青春。

当初填志愿，父母亲戚都要我做老师，爸爸更是极力反对我选旅游系，说这个很辛苦。我说我才不怕辛苦，我只怕庸碌一生。他说这个不稳定。我说我最不需要的就是稳定。记得当时我想，填什么志愿不要紧，只要不是坐办公室的那种就行，我喜欢到处跑的，比如记者之类的，只可惜这所学校没有新闻系。那就中文系也行，反正我喜欢看小说，可惜这学校中文系不要理科生。于是就旅游系吧，到处玩玩也不错。

所以力排众议，到了这里。

旅游专业两个方向，一个饭店，一个旅行社。前年暑假，跟着系里去北京一家饭店实习，至今还记得知道要去北京开始直到坐上火车的那种兴奋，我不是为了实习去北京，我是为了去北京而实习。那段经历其实已经很模糊了，只记得经常用煎熬来形容。我仍然记得最清楚的两个心情，一是有次饭店婚宴，新娘的母亲拉着女儿的手站在台上说着说着话，就泣不成声。我当时站在一角，忽然难过起来。我突然很想爸爸妈妈，子女好像一只鸟，养大了，就要飞走了。以前父母在身边总不珍惜，现在上大学和爸妈聚少离多，以后大学毕业了，大概要离他们更远了。

想起那个拉着身穿婚纱的女儿的母亲，她哽咽地说“我舍不得啊”的表情，我就很难过。

第二个心情，某一天的清晨，坐在元大都的城墙上，晃着腿看这座城市，看马路上车水马龙，看城墙下遛弯的老人，裸露的皮肤有一丝凉意。那是我即将结束实习的最后几天，我每天早晨都很早起来，去城墙上坐坐。

我很开心，我来过了，北京。我更开心，我要离开了。我要回到我的家乡。

记得别离之时，许多同学和那里的正式员工都哭，说舍不得。我和闺密面面相觑，这么悲伤的离别场面，我们也不敢把喜悦之情表露得太过明显。

于是这次实习的结果就是，我果断否定了饭店这个方向，转而尝试旅行社方向。大二拼了一把考到导游证，所以大二暑假顺利做了导游。这次奋斗地点就在学校所在城市。但还是很兴奋，因为这次我第一次做简历找工作，第一次和同学租房子，有点奋斗的感觉了。房子虽然简陋，但也挺符合我对奋斗环境的幻想的，还兴奋地拍照留念，在一块儿学唱《十里送红军》，还有分吃一份快餐。

说来我一向不亏待自己，但那时却也觉得10块钱的快餐太贵，吃不起。怎么会有这种心理呢，因为当时我们进的旅行社实习底薪才300块啊，而且起初分到我手里的团根本没有，也就是说每天我在那里坐班8小时，只有10块钱。尽管我不穷，我也觉得10块钱的饭，好奢侈。

那个暑假其实也不怎么好过。导游也不是我以为的到处玩玩，我不怕辛苦，确实体验过之后我依旧无惧，真正难的是一直被我忽略的——人的问题。真正做了之后，才确定导游也是服务业，就是看人脸色的工作。

当然我的职业素养还是有的，没跟人起过正面冲突。客人态度差，我最多就是不说话。因为这时我说不出好话来，又不能说坏话。

总之我心里是留下阴影了。我做了一个月之后就回家了，觉得家里真是天堂。

说来大二暑假其实是我最丰富的一段时间，去了很多没去过的地方，遇见了许多没有见过的人，碰到了很多没有碰到过的问题，到后来沉淀下来，觉得这其实是一个收获颇多的暑假。

但当时回家时，心里想的是，不想再做导游了。

我爸这时说，早让你别挑旅游专业，这下后悔了吧。说实话，我一点都不后悔。那是我当时做的最好选择，也因为，那是我的选择。此路不通，是我走过之后发现的。我有什么好后悔，换条路就是了。更何况，走了很远的路，去了很多地方之后，我与走之前的自己，是不一样的。

犹记得那年去北京时的兴奋劲儿，只是现在不会了。对大城市没有了那种热切的迷恋，繁华不再成为吸引我的理由，去到哪里，都少了些怯懦，多了些坦然。

大三暑假，回家。原因很简单，我不知道要干什么。让我随便找个什么工作做着，我不愿意。我习惯先找方向再往前走，没有找到方向，我宁可原地待着。当然其实另一个原因，是我想回家。我还记得大一那年在北京看到那位母亲抱着出嫁的女儿痛哭的心情，那么我这个决定也就可以理解了。没有下一个暑假了，我很快就要去很远的地方了，我想长长久久地待在家一次。

大三到现在，发现好像很多东西都挺有趣的。对专业和文字外的其他行业都略有了解，广告、长投、心理学，发现其实每个行业都不容易，广告人受两面夹击，经常加班，对创意有高要求；长投要有足够闲置资金和耐性才能玩得起，而且说到底散户投资不算职业；心理学就不用说了，对人性洞察要求高，而且当心灵垃圾桶也是很危险的，一不小心自己就被垃圾掩盖了。

每个行业都不容易，每个行内人都说自己很辛苦。那么怎么办呢？去做什么呢？选择哪个行业呢？这个思考了太久一直无果的问题，却在看完某部剧之后有了答案。

剧里这个一无是处的年轻人无所事事一年后去了工地干活，做临时工，因为时薪很高。刚到工地时，他看到女主角，也就是工地的安全管理员，他问女主角也是迫不得已才来这里工作的吧。他说他也是，他现在辞职了，正在找工作，只是家里急需钱……

别找借口了。女主角冷声打断，她说，她来这里，是因为她想在这里工作，没有迫不得已，她就是喜欢这个工作。

女主角说的话，很漂亮。漂亮得我都在想，这样一份工作，竟然也能喜欢并坚持吗？

而男主角从起先的不得不坚持，到发现这个工作的乐趣，比如说同甘共苦的伙伴，令人尊敬的工头，看着自己努力修建的道路通车时那种自豪感。以至于后来终于通过大公司的面试时，他却决定留在工地做会计工作了，他真的喜欢上了这个工作。

或许有的事，坚持下去才能看到结果。有的路，只是远远眺望一下或许真的不够，需要自己去走一下。

所以以后想做什么，也没什么好纠结的，有哪个方面的想法，就去做好了，不要轻易用“没兴趣”做借口，很多时候没兴趣只是人的大脑对困难的逃避而已。坚持下去，直到能真正做好了，确定不是在逃避困难之后，再看是否愿意继续下去，是否还是想去试试另一条路。

而新的路途，什么时候开始，都不迟。

这样一想，似乎没有那么恐慌了。以后不管怎样，记得坚持就好，什么事情，是坚持做不好的呢。

内向者的尴尬

内向者的尴尬，总是在进入一个略带竞争性及表现性的新环境中时格外明显。

去公司实习的第一天。安排到培训室，人也越来越多，最后满满当当估计来了30多人。在讲师出现之前，会议室就是一种自由聊天的状态，有的是本来就相熟的几个人坐在一起，自然是聊得热火朝天，还把身边偶尔夹杂的几个陌生准同事也带进了圈子，还有的是几个陌生人不巧坐在一起，不过总有那么一两个会耍宝搞笑的外向者，迅速吸引了前后左右的注意力，建立起新圈子，瞬间身边的人都知道了他的名字；有的是两个人在小声聊天的，还有的孤身一人玩着手机或者打游戏，也玩得不亦乐乎。

而我，则好像游离在世界之外，不想玩手机，也不知道如何不刻意地加入哪个圈子，看着别人一个个地跟旁人混熟起来，而我还不知道绝大部分人的名字，在这个热火朝天的会议室里，我开始觉得有些尴尬起来。

人多的地方，就会有竞争，更不必说，像这样同一批次校招进来的，也许从进入这个会议室开始，竞争就开始了。这里说的竞争，未必是指争抢某样东西，也许是一种比较，比较自己之于别人的优劣势，看自己或别人，是以某一种方式脱颖而出，还是泯然众人。

毫无疑问，我是泯然众人的那一个。

内向性格者总是不善于脱颖而出的。我就是典型的，不太会主动，不太会表现自己的人，人群里总有那么一两个积极分子，会很快和周围人热络起来，我总是很羡慕这样的人，容易被人记住。我就没有这种本领，和身边的人礼貌地交谈几句，然后就没话说了。

看着游离在这一片热火朝天之外的自己，我想，如果说这是某种考试，摄像头藏在某个角落观察每个人在自由状态时的表现，如果考察的就是每个人的人际交往和沟通能力的话，我大概就是被刷掉的那一个。我从来不擅长短时间内跟陌生人建立关系。

讲师终于进场了，也终于结束了这令我倍感尴尬的“自由发挥”时间，进入了还算严肃的培训课阶段。然而不幸的是，这里依旧是外向者的天下。

一般颇容易引起注意的，通常都是那些积极大声回答问题的人，或者频繁举手发言，或者在课堂开个不过分的可爱玩笑引得哄堂大笑。还有一种，是当遇到某个难倒了众人的问题，而此时唯有一人能给出极具见解的回答时，这个人也必定引人注意。

作为一个内向者，我觉得积极大声回答问题有点让自己不舒服，自己对于没有深思熟虑就发表看法的行为也不能接受，至于在课堂开玩笑对我来说更是难于登天，我似乎永远都是那个被逗笑的人，而最后一种还是比较能接受，但偏偏对专业素养要求较高，而我一个跨专业就业的应届生带着房地产知识为零的水平在这儿听课，跟上讲师的速度都成问题，就更别提能解决某个难题了。

所以很遗憾，在课堂上我还是淹没于众多积极可爱的外向者，讲师记住的自然还是那些调皮可爱的积极分子了。

三天的培训结束了，然后是分组跑盘，为期半个月的跑盘结束之

后，就开始分人进各个项目，所有校招生也各自到项目上实地工作实习了。

我分的是梅溪湖的一个项目，带我的是妍姐。晚上开完会的时候，团队开会，妍姐让我做了个自我介绍，大家都鼓掌欢迎，不过当然，这只是一个程序而已，离真正融入整个团队还差得远。

下班坐在班车上已经是八点半了，我没做什么事却觉得很累，反倒是忙了一天的销售团队，精神还格外好，他们都是80后，特别喜欢开玩笑，互相逗趣打闹。我坐在车的后排，看着他们闹腾，钦佩这个团队的活力，又有些失落，因为我在这里貌似是局外人加小透明。我安慰自己，我毕竟也不是特别活跃的人，要跟他们混熟还是需要时间的，先不着急。

面对这个销售团队，我其实是有点尴尬的。我觉得他们都很好，业务能力强，有冲劲有激情，性格外向，这帮人在一起总能把气氛弄得特别high，而且团队凝聚力也很强，面对竞争团队简直可以用同仇敌忾来形容。

但是，很遗憾，这一切都跟我没关系。我融不进去。每当大家聚在一起，比如说都在班车上等回去的时候，比如一起吃午饭的时候，比如要一起走路去某个聚餐地点的时候，都是他们打打闹闹，开开心心，而我却仿佛一个不该存在在这个地方的陌生人、局外人，手足无措地跟着他们，虽然也会因为他们并非开给我听的玩笑而逗乐，但还是尴尬，难以形容的尴尬。

每到这时，我就会分外恨自己，怎么偏偏是个内向者，如果我也很能聊很会闹很会开玩笑的话，说不定我早就跟他们打成一片了，至于像现在这么尴尬这么局外人吗？

我跟这个团队缘分其实很浅，我还在安慰自己没关系时间长了就熟了的时候，已经没有“时间长”的机会了，到第三天，我就被通知调到另一个项目了。

被调走的时候，说真心话我还是松了口气的。因为跟那个团队在一起，自己表现出来那种不合群感令我很不舒服。

我对自己的人际交往能力已经持非常肯定的怀疑态度。

去新项目报道的第一天，我其实挺紧张的，一是也不知道我跟的主策人怎么样，二是，又要接触全新的团队，我怕自己又像跟之前那个项目一样做局外人。

站在路边等班车，车来，我上去，就有一个穿黑色小西装，头发梳得很高的女孩子朝我笑，我当时就心头一暖，对新项目未知的紧张一下就缓解了不少。

热情的小南带我认识了销售团队，我发现这个项目的销售团队，还有我的主策，都是90后，大家年龄相近，在一起也都挺好相处的，再加上小南的热情接纳，这一次我担心自己变成局外人的情况并没有出现，虽说不到打成一片的地步，但在一起也完全没有游离在外的尴尬了。这算是我进入新环境最顺利的一次。

小南是一个特别活泼外向的姑娘，她就喜欢跟人聊天，用长沙话来讲，就是跟人“策”。这种性格的优势就是能很快就跟人混熟，而这恰恰就是我的弱项，我的性格内向，基本没有可能在一个较短时间内凸显出自己来，跟她一比愈加感觉自己“不会策”了，很长一段时间，我都为自己这样的性格自卑。

在职场上，内向性格的弱势开始被无限放大起来，到一个新地方，外向者可以在很短时间内与所有人混熟，能跟一个人立刻从陌生聊到熟悉，能够得到来自四面八方给予的方便。而内向者则似乎不知道聊什么，也并不适合做出那种热情的样子，那样自己也觉得有点假，就觉得

自己好像很无能，为什么别人随便就能开起了玩笑，自己就闷着肚子，默不作声超没存在感。

这种跟外向者相比的挫败感，在我进入职场以来已经体验过几回了，比如刚进公司那两天，外向者都跟周围的人热络得很，好像一下子就认识了很多人，而我则两天都跟阿P这个熟人在一起，或者是跟自己组的组员一起。

比如分到梅溪湖项目时，那边销售团队气氛如此热烈，大家都如此活跃，可我就是感觉融不进去，就是看着别人热闹插不上话，所以会为自己不那么活跃，不那么容易进入新团体的性子而感到无可奈何。

而这次，在小南的对比下，这种反差更是空前强烈起来。她活泼热烈，喜欢聊天，经常跟我讲她做销售的趣事，件件都是靠这会“策”的性格得到好处的。比如都是去竞品项目踩盘，大门到营销中心近1.5公里的距离，我当时无法只能走进去，而她当时跟保安策了十几分钟，终于让她坐电瓶车进去。

她说她闲暇无事，就会给客户打电话，能跟客户聊很久，“反正我也没事做，就给他们打电话咯，这样他们也对我印象深刻。有时一个电话能打30分钟呢！”

我对她的崇拜顿时又涨了几分，我是那种绝无可能主动给朋友打电话的，更何况是这种连泛泛之交都不如的人。我觉得打电话只能偶尔为之，不然岂不是每天都要浪费这么久时间？但看她这么从中获益的样子，我不禁也有些怀疑自己了：是不是太内向了？这样似乎也不太好吧。

她每次说的都是非常正面的事例，但是这些事例于我却变成了负能量，令我怀疑自己的性格是不是一个错误。每次她一讲，我就一边羡慕一边自卑，自卑自己没生成这么个外向性格。

但我的确无能为力。我依旧“策”不动陌生人，依旧不想主动给谁打电话，依旧觉得煲电话粥浪费时间。

但是日子久了，我却没那么介意了。因为我发现，小南的外向性格也并不如我想象的那么完美。我发现她思考问题很肤浅，很含混，而她自己并不愿承认这一点。比如，我问她跑盘的时候问什么。她就会说，问很多啊，每次跑盘进去都要跟人聊上个把小时呢！我会追问那具体问些什么问题呢？她会说，什么都问啊！我说那比如说呢？她说，就你知道的那些嘛！

我发现她永远都在绕圈子，永远进入不到我问题的核心点。抛给她一个问题，永远得不到你真正想要的答案。

后来有一次，我要去跑盘，她要一起去，我本来还想跟她学习一下，结果她临去之前还在问别人，踩盘的时候问什么？后来到地方之后，又看她问的问题实在浅得不值一提时，我才知道，其实她没有我以为的那么厉害。

甚至某一瞬间，对她所说过的种种正面事例，我都产生了怀疑——那些都是真的吗？

后来我也从销售经理口中得知他对小南的评价：“性格很好，但是喜欢信口开河，脑子想事情的时候有些糊涂，逻辑有些混乱。”

后来跟很多外向者相处，往往一开始我发现她们非常招人喜欢，让我这个内向者非常羡慕，但是不久也会开始暴露出一些性格上的缺点，比如神经有点大条，不太顾及他人的感受，有时候话说错了别人不高兴了她们还浑然不觉，比如想法有些幼稚，看问题很肤浅，办事并不太值得信任等。当然也有对外热情开朗、对内逻辑思维能力强的外向者，但是他们也有这样那样的性格上的弱点。

并没有完美的性格。

我忽然想起自己看过的一本书《安静——内向性格的竞争力》，里面说到内向并不一定是社交恐惧之类的，只是说相对于倾向从外界寻求存在感的外向者，内向者更倾向于从内心世界找答案。

明明自己看完这本书还写了几千字书评，肯定内向性格的价值，但是到真正遇见问题，还是一下蒙了头，被外向者的雀跃和热情搅乱了自己。

我为什么要拿性格不好的一面跟别人性格中好的一面相比呢？为什么只看到了自己的弱点，没有看到自己的优点呢？

我拥有独处的能力，愿意沉下心来思考问题核心，善于自省，总能及时看到自己的弱点，哪怕我的另一面是不那么热情，不那么外向，不那么善于短时间内和别人搞好关系。

就像一枚硬币有正反，不论内向性格还是外向性格，都有其性格的优缺点。我是内向者，却偏要拿自己性格的缺点跟外向者性格的优点相比，自己不痛苦才怪呢！

当然在职场，特别是初期，外向者的确更占优势，特别是新进入一个集体，外向者的确比内向者更容易进入圈子。但当作为内向者的你暂时还不能进入这个圈子时，切不可过分怪责自己，认为都是自己的性格原因。

一开始我也犯了这样的错误，但是事后冷静下来思考，却发现，能否顺利融入一个集体，很多时候除了主观原因，还有很多不可控的客观因素。

比如我最先去的梅溪湖项目，总是不能融进去，但是到下一个别墅项目，却很快就跟他们混熟了，事实上从前者到后者，我并没有太多改变，我还是这个内向的我，但是结果却大不一样。

这里发生变化的客观因素有三个：一，梅溪湖团队都是80后，而别

墅团队都是90后，作为90后的我，自然跟后者更容易相处，也更容易找到共同话题；二，别墅团队有一个非常热情地拥抱我的团体成员小南，是她拉我进入这个圈子；三，我与梅溪湖团队相处总共也只有那么几天而已，而在别墅团队待的时间较长，时间长了自然也就熟悉起来。

其实前面两点可以共同归纳为这个团队相对于你的接纳性，接纳性的高低由很多因素决定，比如你与团队群体的相似性，或者团体成员的对外接受性等。总之，作为新人的我们，如果不能迅速融入某一个团队，一定不能埋怨自己，责怪自己。

关于跟新环境中的人建立关系，还有一个非常重要的因素——时间。时间能让人自然而然地熟悉起来。所以很多时候，其实不必急于一时，进入新环境感觉不适很正常，时间会让我们跟身边的人越来越熟悉。

所以不必太焦虑，明确自己的目的。

请一定明确，我们到一个新环境，通常目的并不是要进入某个圈子或者认识某个人。比如我到项目上去，我的主要目的是去做策划工作，是去做事，并不是特意为了跟团队打成一片去的，最后能融入团队大概也只是工作的副产品吧。因为我们相同的工作目标，比如在项目上策划的目的就是吸引客人上门，销售的目的就是搞定客户，这样拥有相同的目标，哪怕一开始并谈不上打成一片，但各司其职，总会有互相联系的地方，这样久而久之，肯定就熟悉了。所以与其不断纠结于自己这种内向的性格该如何跟团队混熟，不如自然一点，随性一点，明确自己的目的，做好自己的工作。

当然，也有一些工作的目的就是直接要与这个人建立联系的。跟同事L聊起他以前卖保险的经历，他告诉我卖保险就是要跟这个人混熟，取得他的信任，甚至跟他做朋友，这样才能展开业务。

我说那怎样才能跟他混熟呢？跟一个陌生人混熟，这是我一直倍感困难的问题呢。

他说肯定不是第一次见面就能搞定的，通常第一次见面只是礼貌介绍一下自己罢了，也不需多推销什么，真正的功夫在后面，维持一个见面的频率，过一阵去拜访一次，也可以只是顺便去打个招呼，随便聊聊，这样多见几次自然而然就熟悉起来，甚至投缘的不但能成为客户，还能够成为朋友。

我说，这样啊，我还以为你有什么魔力，让人家第一次就跟你熟到买你的保险呢！

他瞥了我一眼，说："想得美，你会信任一个第一次见面的人吗？"

我笑着摇头，原来如此。

哪怕业务能力强如L，也需要时间来帮助他与别人建立联系，更何况我们这样历练不多的内向者呢。

所以，何必着急，"少食多餐"，明确自己的目的，一步一步来，化解自己作为内向者的尴尬。

你其实没那么重要

新人到了一个新环境，的确是脆弱而又敏感，极其希望得到热情的对待，感觉到受欢迎，一旦没有接收到这种讯息，就会感觉尴尬，以为自己“被讨厌”，但是直到后来很久自己成了“老人”，才知道，其实大可不必太敏感。换句话说，不用太看重自己，不要以为自己的到来会对别人产生怎样的影响（不论好的方面还是坏的方面），也不要太容易被别人影响自己的心绪。

做新人的时候，我们常常小心翼翼，胆战心惊，其实到一个新环境来，这个环境中不可避免地可能有敌意，也可能有善意，可能有冷意，也可能有暖意。面对善意、暖意自然心存感恩，而面对敌意、冷意，其实不需要太放在心上，也许只是自己会错意了。

比如在梅溪湖团队，其实一直都觉得自己是小透明，融不进去也没什么存在感，那天晚上在营销中心开完会大概七点半才散，上车一阵之后，司机师傅准备开车了，问：“都到齐了吧？”

突然前面刘沙伸长了脖子嘀咕：“哎，新来的小策划还没上来吧。”

坐在后排的我连忙应声说：“我在这里呢。”

轻轻一句，却令我感动得几欲落泪，感觉自己不是透明的，原来自己也是被记得的。我真的受宠若惊。

在销售团队里第一个跟我说话的是津哥，那是一起去聚餐的路上，走了很久，团队照旧玩笑不断，欢声不停，而我在一旁默默跟着，掺不进去只能随着玩笑时不时笑笑。这时津哥走到了我旁边，问我在哪里上学，问我住哪儿。

我当然知道，他并不是闲着没事才来找我说话，他是看到了我的局促，才特意来化解我尴尬的沉默。他好善良。

还有后来到另外一个项目，第一天去报到，走上陌生的班车的那一瞬间朝我绽放最诚挚的笑容的小南。他们都令作为一个新人的我脆弱敏感的心绪得到某种温暖的关怀，缓解了我的紧张和瑟缩。

这些善意和暖意都令当时的我分外感激，我当时就在想，以后如果有新人有些无措地站在我们圈子门外，我一定要做那个第一个和他说话的人。我要笑着朝他伸出手，说进来吧，欢迎你。

但是，当然，外界也可能给自己释放一些也许是敌意，或者冷意的东西。比如说那次在梅溪湖项目，刘沙让我去拿F户型图，但架子上已经没有这种户型图了，于是我问哪里还有，他让我去找刘卫要。

于是我进到那个办公室，里面有三四个人，有男有女有老有少，于是我问了句："请问刘卫姐是哪位？"

然后就听到几声笑，而一个女的则脸色特别难看，满怀敌意地盯着我，我顿觉莫名其妙，不过从各位表现中也看出这位脸色难看的就是刘卫。

我说："我来拿一下F户型图。"

她则一副扑克脸直冲冲从我身边出去，我更加莫名其妙了，"是我叫错了吗？"

有个大叔说："她才21岁。"

我顿觉委屈，扪心自问，若有新人出于礼貌错叫了我一声姐，我不会摆出这样的脸色，更何况我的确比她小啊。

刘卫走到另一块地方，指着地上一堆物料说："反正户型图都在这儿了自己找，以后要什么东西别都找我！真是的！"

我当时就觉得这女人神经病。那是我来项目的第一天，心情也因为这个女人的态度变得很坏，幸好这是开发商的人。但就算是我们自己团队，也并非每个人都如沙哥、津哥、小南这样热情。她们可能对我很冷漠，很无视我的存在，这也令我惴惴不安，是不是自己很讨厌，让人感觉很不舒服呢？我只好愈加小心翼翼、谨小慎微起来。

后来我也成了"老人"。

新一批校招开始了，公司又新进很多新人，当时我已经调到了一个异地项目，有个来我们项目实习的销售员小婉，是我的学妹，一开始两人的关系是她认识我，我不认识她。

她见到我会笑着喊我"小左姐"，我会报以礼貌一笑，不算热情，仅仅是礼貌而已，因为我从来不是一个热情的人，更何况在职场良久，也不再似新人般咋咋呼呼，畏畏缩缩，而是淡然冷静下来，很多时候会让人感觉有距离感，不过我无所谓。

但是我没有想到，自己的冷淡会引来这个新人这么大的反感。

那已经是新人小婉过来将近半个月之后的事了。公司考虑到销售员底薪低，而小婉作为校招实习生本身也没有积蓄，所以同意她在开单之前住到我们公司为策划和经理准备的宿舍来。问题是宿舍有四间房，但是只有三张床，宿舍现在已经住了三个人了。小婉问了我几次，我告诉她现在宿舍的情况，并告诉她要找总监让他买床，他管这事儿。后来也就没有下文了。

她大概不敢找总监吧，却直接找了住宿舍的另一个策划雷哥，他是

热心肠，很乐于助人的那种，于是他说他去睡沙发，把床腾出来给她。这样当然也好，也对我没影响。我依旧我行我素。

那天早上去上班，雷哥在搬床上东西去沙发上，说今天小婉要搬过来了。我打趣他几句，然后就一起去上班了。中午有事临时要出差，我回家收拾东西，我看雷哥房间还是空的，以为今天小婉不会搬过来了，我回房间收拾了一下，看离搭车的时间还早就想先睡个午觉。过了大概10分钟，听见外面很吵，有几个女生叽叽喳喳的声音，应该是小婉和她的同学帮她搬家来了。我心想估计这午觉睡不成了，但是也不想起来，就躺床上发呆。她们在聊天，而且对话中出现了我的名字。

“那个小左也住在这儿吗？”一个妹子说，“她到底是干吗的啊？”

我听见一个陌生声音语气极为不善地说出我的名字，觉得有点莫名其妙。

“她是策划。”小婉回答。

“策划怎么啦？策划很厉害吗？”又是一个陌生女声，充满打抱不平的语气。

天啊！我惊呼，这小婉是在她同学面前说了我多少坏话，才能让一群陌生人对我这么大敌意呀！

“不知道，感觉策划是管理层似的。”小婉解释道，“反正我看她跟我们经理讲话，都是直呼其名的。”她似乎颇为她的经理不平。

我真是无语，那是因为我跟销售经理同一张办公桌已经很熟了好吗？

“那又怎样，真是！”

“那时候我要搬进来，她还说这里已经没房间了。”

“什么人啊，真是。”大家都为她不平。

而我当时明明对她说的是，这里有房间，没床！

“你们看。”我听到我房间的门锁动了几下，然后听见门口小婉说，“明明我上次跟雷哥来看房子的时候，她的房间是大开的。今天知道我要搬过来，她就把门锁了。”

我简直要笑喷了。难道没锁门的话，你就可以随便进来参观吗？不锁门是因为同住的雷哥、总监个人习惯都很好，从来不会进我房间，所以我也懒得锁，并且我认为今天搬进来的她也会尊重个人隐私，不会随便进别人房间，所以今天早上去上班的时候我也并没有锁门。但是现在看来，如果不是我在房间里面反锁了的话，这帮女人不知要把我房间品评成什么样呢。

我躺在床上，听着外面的唧唧歪歪，越想越觉得可笑。扪心自问，我并没有任何对不起这个人的地方，因为销售线和策划线工作还是相对独立的，我跟一个新来的销售本来就不会有什么正面冲突。唯一没做到位的地方也不过是对这个新人兼学妹，我没有表现出过多的热情，没有表达对学妹的关怀，特别是搬家这件事，因为也有雷哥这样很热情的人在帮她，我也就乐得轻松，没有多插手了。但是我不热情也纯粹是我个人性格问题，并没有对这个人有什么意见啊，换句话说，来的新人不是小婉，是小红，是小绿，我都是这样的态度。

她为什么会对我的冷淡充满敌意呢？

我不由得想起了自己当新人的时候，不也是碰到善意和热情就感激万分，碰到冷漠就会很失望吗？只不过跟她不同的是，我不会对那个冷淡的人抱有这么大的敌意，顶多就是恐慌自己哪里被人讨厌罢了。想到这里，也难免惭愧起来，分明当初自己做新人，接受别人的善意时还信誓旦旦，以后自己对新人也要热情对待，可是真的轮到自己时，却还是这样任由自己的性子，冷淡起来。

但同时我也想通了，其实很多时候不必过分敏感，看到别人冷淡，或者对自己态度不是特别好，就胡思乱想觉得自己哪里做错了，或者出奇地愤怒，觉得别人太不应该了，其实也许别人本来就是这种性格而已，没有针对任何人，也不想讨好任何人。

关于这件事，结尾是这样的。后来我在床上也躺不下去了，因为我该走了。所以从房间出来，若无其事地洗脸梳头，而她们已经尴尬地停止了讨论，改跟我打招呼“小左姐”。我依旧礼貌地淡笑回应。出去，跟主策碰到面一起去搭车，手机上已经有三个未接来电，都是小婉打过来的，我之前在公车上没听到，正迟疑要不要回过去，她又打过来了，我接起，果然是来道歉的，她说了很多抱歉的话，说自己不懂事之类的。我安慰开解了她几句，表示我并没有生气，只是觉得可笑而已，我解释道，我冷淡并不是针对她，我对任何人都这样，我本来就不是热情的人。

在出差期间登录微信，又收到了她很长一段留言，大意是说发生这件事她也很自责，她平时做事也比较大条，没分寸，这样中伤别人确实很过分，希望我能原谅她之类的。

我想了很久，觉得用看到的一句话回复她特别合适，“很多时候自己被激怒，都是自己的问题，记住，别人没有义务和责任按照我们期待的方式对待我们。无论伴侣，朋友，亲人。”

这件事到此落幕。

我告诉她的这句话，其实也是在提醒我自己，人人都有自己对外的方式，不应该用自己的意念去要求和左右他人，更无须因别人未按自己的意念行事而失望或愤怒。不过分敏感，不把自己放在一个多重要的位置，不在心里默默要求别人应当如何对自己，不因别人并无针对性的行为而自伤自责，这其实也是在尊重他人的自由。

被妖魔化的未来，被自己吓倒的自己

经过大四实习之后，我不得不承认，我其实是个悲观的人。我总是习惯性地妖魔化未来。

从第一天进公司培训开始，我就一直沉浸在一种悲观的情绪里。先是看到别的校招生外向开朗，善于交际，培训课还没开始上就已经认识了好多新同事，而我还没认识几个人，我就开始觉得以后在公司的发展已经落后了。

然后开始讲课了，关于房地产的知识，对我来说几乎是全新的，我发现职场培训和老师上课完全不同，就是讲完一张PPT就翻过去了，绝无等着你抄完笔记的现象，这令还停留在学校上课模式的我有点适应不过来。

另外一个令我实在为难的是，我们的水平参差不齐，我们这批校招生，有的是房地产本专业的，有的是学跟房地产八竿子打不着边的专业，所以上课时，有的学生积极响应，有的依旧云里雾里。

很不幸，我就是云里雾里的那一个。

上学的时候，水平差的学生心里一定恨死了那些老师还没解释两句就十分狗腿地应和“懂了懂了”的优等生，很想送他一句“你懂了就闭嘴好吗！”

上培训课的时候，我也差不多是这心理。看着PPT在一众本专业学生的簇拥下一页一页快速往后翻，我情不自禁地望了望他们，看着大家好像都一脸沉迷于知识海洋中的样子，我默默为自己的智商着急：为什么人跟人的差距这么大？难道就我一个人没听懂？

意识到自己成了拉低平均档次的那一个的滋味不好受。这也是我第一次意识到，我们的起点根本就是不一样的。尽管现在大家都说跨专业就业很普遍，但必须承认，那些从事本专业的人是有很大优势的，毕竟人家的四年不是白学的。我必须要加倍地努力，才能把缺失的几年补回来。

下午讲师说我们都要进行为期半个月的跑盘，跑盘就是去别的楼盘售楼部里打探军情，我当时是第一次听说“跑盘”这个词，听完解释之后，我简直有种要奔溃的感觉。去别的楼盘打听数据？那不是去找骂吗？会被轰出来吧？这时讲师已经拿出了一张楼盘图，密密麻麻的楼盘。

这时我还天真地以为是有大巴车接送的那种，直到后来讲师说，要成为一个优秀的地产人，就要成为地理通、长沙通，要了解长沙的路、长沙的人，这些楼盘都是要自己网上找路线，看地图，一个一个走一遍的。

我顿时有种五雷轰顶的感觉：你是说要一个分不清东南西北的路痴看着地图找那么多楼盘？要一个初到长沙的人不到半个月就把长沙摸得门儿清？

呵呵。

上完课已经是晚上8点了，出写字楼的时候外面正风雨交加，那还是我刚到长沙的第三天，刚找好房子安顿好，恰逢变天，身体受了凉，胃病复发，当天因为上课耽误了正点吃饭胃也已经开始隐隐作痛，出来风寒雨冻，感觉胃痛愈加剧烈了。

我撑着伞，过马路，等公车。华灯初上，车流不息，人头攒动，我看着这座陌生的城市，生出一种说不清道不明的情绪。348路车来了，我

拖着不太舒服的身体，带着对即将接手的跑盘任务的焦虑，带着对坎坷前路的恐惧，带着陌生与茫然，随着人流挤上了公车。

第二天是统一参观楼盘，上车时还有种出去旅游的感觉，不过后来却比我初做导游那会儿心情还沉重，在参观完第一个楼盘之后。

所有人都围着销售员，认真听讲解，我站的位置不太好，声音听不太到，只看到他的嘴巴在不停地开合，好像说了很多，但是我真正能把握到的东西几乎没有。

我听不懂。

我有些惶恐地看了看周围，他们都一脸聚精会神，听完讲解之后，还有好几个本专业的同学在问问题，比如粗间距，比如容积率等，而我，根本提不出任何问题，因为我什么都不知道。

越往后越是感到一种前所未有的挫败感，他们把许多知识许多信息一股脑地抛出来，而我却没有接收器，别人都在去粗取精，都在反复咀嚼，在吸收，在汲取，而我却只能眼看着那么多信息流走，毫无价值地消失。

我什么都没有抓住。

我感到一种无力，在全新的领域里，我觉得自己比别人差了太多太多，自信心跌到了低谷，整个上午我都笑得很勉强。

到下午才有了些转机。

刚吃完饭，感觉好像补充了一点能量似的，胃舒服了一点。坐在去下一个楼盘的车上，我望着窗外，忽然想，其实每进入一个新领域的时候，都是这样的。想当初，第一次当导游带团的时候，不也是把车里的活动搞得一塌糊涂吗？后来不还是越来越顺手了。有些东西是需要时间来熟悉的，急什么，谁刚开始的时候不是“菜鸟”呢。

这样一想我心里才舒服了点，不再用消极的态度去想事情，想想自己的优点，自己的能力，相信自己还是不错的。那些知识不要因为抓不

住就干脆懒得听了，还是要认真听讲，能抓到多少算多少。

于是下午的第一个楼盘，我进去就站在了销售身边，占据最优地形认真听。说来也奇怪，不知道是听多了渐渐摸出了点门道还是自己态度端正了的原因，这一次就感觉没那么不知所云了，好像能捕捉到一些信息了，虽然依旧提不出什么建设性问题，不过至少别人在问的时候，我知道他们在说些什么。

晚上回到住处，我给自己讲了很多励志的话，什么慢慢来，不着急，不要太否定自己。

第三天，被我视为噩梦般的跑盘任务还是如期而至。

好消息是，不是自己一个人跑盘，而是分组跑，我们组共有五个人。

坏消息是，我们组五个人，只有一个是房地产专业的，其余水平都跟我差不多。我们要跑长沙的天心、岳麓、望城三个区，要在这十天左右跑完这三个区一百多个楼盘。

而坏消息中的好消息是，我们组唯一的那个专业人士可是牛人一枚。

显哥跟我同校，早在当初面试时我就注意到了他，比起我那单薄的在校经历，他那厚厚一沓荣誉证书，那发着光的简历简直闪瞎了我的眼。于是很自然地，显哥成为我们组的组长，我们其他四个小喽啰顿时有种抱到大神大腿的感觉。

虽说这么多人一起给我壮了胆，但是第一天跑盘还是有点忐忑。集合之后，显哥先给我们补了下课，把公司给我们的跑盘表的名词都解释了一遍，什么分摊啊，容积率啊，车位比什么的。

然后我们就出发去第一个楼盘了，因为看地图上大概就在这附近，所以就直接步行过去，我和阿P还要负责画地图，就是将沿途看到的超市啊，银行啊，医院啊等生活配套都标记出来，公司交待我们要交的跑盘作业中有一份作业是各个板块的手绘地图，要画出楼盘附近的详细配套。于是我们拿着本子和笔，一边走一边画，我们两个突然有种预感，经过跑盘之后我们一定能摆脱“路痴”称号。

终于找到了第一个楼盘，说实话，虽然我们一行有五个人，我还是有点紧张，总觉得我们会被轰出来。这是一个小楼盘的尾盘，几个女销售在前台尖声尖气地聊着天，还有一个在抽烟，看得我有点害怕。

我们说自己是大四学生，要做一个论文来做市场调查的，她们明显不信，拉着一张脸，像怨妇。直到我们拿出学生证，她们才将信将疑地接过去调查表，都不太想填，推给了一个长发女生，她也嫌麻烦，我和阿P因为说谎而有点心虚所以不太敢说话，还是显哥最镇定，话说得滴水不漏，见那个女生嫌麻烦不想填，他就接过纸笔说，他问问题她只要回答就好了，他自己来填。面对销售一张冷脸，他自始至终都面带微笑，毫不介意的样子。好佩服他。

填完表说了谢谢，我们赶紧离开了这个是非之地。出来我们都松了口气，一边吐槽这个小破楼盘的销售就这种素质，一边大呼好险，幸好有显哥出马。我们嘻嘻哈哈在楼盘门口拍照留念，然后就出发去找下一个。

好歹迈出了第一步，我心里踏实多了。

一路上又是看地图，又是百度，不断走错路，又不断走回来，聊天说笑，打打闹闹，眼观四路，画地图，找楼盘，很快就从生疏到熟悉。

小组里有一个非常漂亮的女生韵小吉，是很典型的被家里保护得很好的城里姑娘，天真得可爱，同时也相当啰唆。一句话总是要重复很多遍，如果她要说个什么事，你没有给予足够的注意力，她就会不断地重复，直到引起你注意为止。这一特点经常成为我们组里的笑话，后来她一说话，我们就情不自禁要唱“only you…”，韵小吉同学也被我们冠以“师父”之尊称。

这么一说，我们这跑盘长途跋涉，日晒雨淋的，还真的跟西天取

经有点像呢，恰好我们也是一行五人，师父已经毫无异议地落到韵小吉同学身上了，大师兄自然非显哥莫属，他就像孙悟空一样战无不胜嘛！二师兄当然是胖胖的张宇同学了，好逸恶劳的行事作风都特别符合猪八戒的特点。我刚好穿着白色衣服，大师兄就一指说“那你就白龙马了。”看起来最小的阿P就是沙师弟了，不过她强烈要求大家叫她沙师妹。

就这样“西游组”诞生啦！

在师父、师兄师妹的陪伴下，本被我视为噩梦的跑盘，变成了一段其乐无穷的经历。一路上发生了太多好玩的事情。

快乐的日子总是过得飞快，一下子为期半个月的跑盘就结束了。我们五个人跑完了大半个长沙，迈出了进入地产行业的第一步，尤其值得一提的是，我和阿P两个路痴还学会了画地图，我对长沙市也在最快的时间内熟悉起来。后来跑盘成果汇报，我们组获得第二名。

如果说到这时，我的情绪还处于一种高涨的状态，那么到了晚上离开公司的时候，就已经直线下滑至低谷了。

因为，结束了。跑盘结束了，“西游组”也永远成为回忆了。

跑盘结束的那天，所有人都要分项目了，我、师父、大师兄都被分到一部，人事部的给了我一部门杰哥的号码让我们联系他，他会安排。

当时其实心情有点复杂，因为阿P要提前结束实习了，她说还是想回去做外语导游，再在这里实习也没意义，还不如回去泡泡图书馆，享受最后的大学时光。然后二师兄张宇说也提前结束实习算了，他还想回学校过最后一段腐败日子。我的心理一下就不平衡了，因为我也好想念学校。

那天晚上就在一种抑郁不快的情绪中吃了晚饭，然后就发呆等到8点，给杰哥打电话，他说暂时先安排我们几个校招生支援梅溪湖项目，

让我联系梅溪湖项目的主策妍姐，她会给我安排任务。

妍姐声音很温柔，但“明天九点到河西步步高，到了再打我电话”的安排令我突然有种明天凶多吉少的感觉。

我连忙打电话给师父和大师兄寻求支持，看他们的任务是什么，好心里有个底，结果他们都是来雪上加霜的——师父告诉我她因为脚受伤要提前结束实习了，回家休息。而大师兄则休假，第二天也不来，于是本来五个人的小组一下子只剩下我一个人孤身作战。

那种恐惧感，就好像一个人被蒙住了眼睛向前跋涉，队友突然都消失了，一下子只剩下我一个人，我不知道前面究竟是什么，但我又必须向前走迈出去，我不知道下一步是踩到坚实的地面，还是一脚踏空，跌入深渊。

其实事后回想起来，好像也没有什么好怕的呀，不就是去接手一个新的工作吗？不管是要我去做什么，反正去做就是了，为什么这么害怕呢？

我也不知道。

总之就在未知发生前的那个晚上，那个当下，我全身被恐惧和焦虑灌满了，我明天究竟会面对什么？我能否完成那个未知的任务？我的表现会不会令人失望？

当我一个人，面对未知，表现出来的那种不安，焦虑，恐惧，令我意识到，我真的不够强大，一点儿也不。

那天晚上刚好看到豆瓣上一篇文章，《每个城市的夜晚，都有人在哭泣》，这种治愈系的文章在那个时刻恰如其分地安抚到了我。我躺在床上，盯着天花板，很努力地给自己一点勇气，撑过去。

那个“未知”任务第二天揭晓，其实就是带行销。

刚开始我确实一无所知，我那时还不知道行销是什么东西。

见我一头雾水，妍姐把身边的另一个男生介绍给我，说有什么不知

道的让我问他。这是比我早一天进来的策划邵丹，一路跟我解释我们要做的事，就是监督项目请的行销队伍，时不时去查一下岗，鼓励他们多带客上门。

邵丹比我早一年毕业，之前做了一年销售，现在转策划，所以懂的自然比我多得多，人很热心，对我有问必答。

直到这时，我对未来的恐惧感才开始消退。我才突然发现，好像是自己太悲观了点，以为今天是要去上刀山下火海似的，没想到也不是很麻烦嘛，而且还有邵丹带我。

我们先随车去了营销中心，然后和邵丹去转了一圈，查看行销情况。第一天我就跟着邵丹到处转，看看行销工作，路上他也跟我讲了很多地产知识。

第一天晚上就拖到八点半才下班。

总体来讲，待在梅溪湖项目的那几天并不是很开心。总是感觉很没存在感，虽然安排了带行销，但说实话头两天我都没搞清楚带行销究竟是要怎么带，尤其这个项目又是三家PK，情况有点复杂。

培训、布点、查岗，从上门量把控结果，这个流程直到后来很久我才了解。当时根本就是摸不到门路，特别是到第二天，邵丹又请假，大师兄还没来，又只剩我一个人。

那天变天，降温又降雨，我去查了次岗，但也没觉得我的行为能对行销工作产生什么意义，就回了售楼部，无所事事。也因为什么事都没有做，所以一天都很焦虑，我不知道该干什么，没有人教我怎么做。

妍姐一天都不在，傍晚打电话过来问我行销情况，而我当时连行销结果判断依据是其带访量都不知道，跟她说了一大通今天查岗碰到的情况，不得要领。而在她的指导下找到带访登记本报数据给她听时，自然又是一通问责，因为带客情况一片惨淡。

挫败感顿时席卷而来。

已经听见风言风语，说实习期结束还会淘汰一批，我愈加惶恐起来，我觉得以我现在的资质和表现，我肯定是被刷掉的人。

第三天妍姐交代是所有策划和经理回公司开会，先召集我、大师兄、邵丹三个人开会，给我们规划了在项目的任务，就是两个男生负责行销工作，而我负责“陌拜”，还给我下了任务指标。

我的心又慌起来，我连陌拜是什么都不知道呢！于是邵丹来跟我解释什么是陌拜，我心里还是没底，觉得这个难得要死，大师兄过来开导我，说反正没做过就慢慢学嘛，没有谁一开始什么都会。

我说，要是没完成任务咋办？会不会把我赶出去啊？

大师兄说，瞎操心！你一个新人没完成任务能怎样？接着干啊，慢慢学啊。

我还是颇感压力，对未来完全没有信心。

然后开会了，虽然听不懂他们在讲什么，但是也过来见见世面。会后才发现手机上已经有好几个未接来电，后来才知道是HR和新指导人打来的。

我打过去，被告知要换部门、换项目、换指导人……

我一时还有点转不过来。

不过第一反应还是松了口气，可以不用管那什么鬼陌拜了。

新项目是个别墅项目，跟新指导人和主策打了个照面。回去的路上跟大师兄打电话，我说我还是感觉不安，我怕新项目情况会很糟糕，我怕跟主策相处不好，我怕跟那边销售团队融不进去，我怕上面交代任务给我我却什么都不知道，我怕我让人失望。

大师兄说，怕什么，别墅项目多高端呀，你去那儿是去对了。放心，那里肯定比梅溪湖这边要开盘的项目压力小，而且不像这里，丢来这么多辅策，主策也没工夫带人。

是吗？

总之那天晚上，我还是对第二天将要面对的一切感到不安，但是已经没有去梅溪湖项目的前夜那样深刻的恐惧感了。因为我似乎已经意识到了，我总是喜欢把未来妖魔化，觉得即将到来的一定是厄运，是险恶，觉得自己的未来凶多吉少，但每次事实都证明，未来并没有我想象的那么差。甚至有时候，迎接我的，是出人意料的惊喜呢！就像以为是噩梦的跑盘，结果成为有史以来最愉快的经历。

而这一次，未来又再次给了我惊喜。

新项目，销售团队都是90后，都聊得来，主策人很好相处，手把手地带我，教我，至少在让我去做某件事之前，会告诉我操作步骤，不会让我瞎撞。虽然新项目也存在很多新问题，但至少在它向我揭开面纱的第一天，带给我的是满满的惊喜！

从开始进公司实习，到确定下来实习项目这短短二十天时间，我的心情已经经历几次波峰波谷，每次都在觉得坠落谷底的时候，却又柳暗花明，予我一个大大的惊喜。

我也开始明白，很多时候其实都是自己在吓自己。说到底还是怪自己不够自信，害怕犯错，害怕令人失望，一有问题就马上朝负面倾斜，不断妖魔化未来。未来还没来，自己就开始不安，担心，焦虑，恐惧，就像恐怖片里的漫长前奏，被自己内心的恐惧吓得连眼睛都不敢睁开。还没有真正跟未来交手，自己已经输掉大半。

其实想来，左右不过就是一份工作而已，实在干不成可以不干。

未来，又能可怕到哪里去呢？

公平的不公平

刚到项目那段时间，每天最窝火的时间就是要从项目门口走到营销中心的那1.2公里路上。

项目班车总是临时取消，公车也只能坐到门口，当然别墅物业有电瓶车，不过轻易叫不动。

一开始，我是并不打算让一辆车特意为我一个人从营销中心开过来接我的，我不觉得物业有义务这样做。但是当然，有时心里会隐隐想：最好能够这样。

第一次被班车放鸽子，只能坐公车，到门口下，物业的一个大哥在守门，我跟他打招呼，他问我是来干什么的，我说是新来的策划，他说给我叫辆车。不过开车过来的人脸色可不太好看。

我当时觉得很感谢，因为前一天跟主策出来吃午饭，她叫车的时候，我就感觉到，物业司机似乎非常不情愿开车，虽然到底没驳主策的面子。所以那天早上我的确是做好走进去的准备的，谁晓得碰到的值班大哥人这么好。

不过后来，运气就没有那么好了。

有一天出去跑盘，下午快六点才回来，当时值班的是另外一个瘦高个儿。这次我在外面跑完累得跟狗似的，所以就没客气，直接请他叫车。他明显不太想叫，不过也不好直接拒绝，就还是开了对讲机，对营

销中心那边的开车师傅说，那边问是谁，他说是一个新来的云云，然后就听见那边吵吵嚷嚷地，他特意回避了我，走得远了些讲话。

回来的时候也没有给我明确答复，我追问他才说都快要下班了他们不愿意开车。

我说哦，没关系我走下去算了。

其实当时心里就有点不爽，有种连自己项目的物业都叫不动的挫败感，毕竟在别的别墅项目踩盘，那边的销售员叫车送我出来都轻而易举的。

后来有一天早上，又是班车取消，于是又一次到了门口，值班的又是那个瘦高个儿，我问能不能叫车，毕竟我真诚愿意相信上次的确是因为下班了。但事实是我天真了，瘦高个这次连对讲机都不开了，直接说哎呀你运气不好呀，那车刚回去。

言外之意很明显了。

尽管在心里不停告诉自己没关系你可以，锻炼身体呼吸新鲜空气，但还是忍不住怒气沸腾——这所谓的甲级物业算什么啊！物业费还敢收那么贵你也配啊！还什么车刚过去，凭什么别人叫车就可以，我叫个车就是“快下班了”、“哎哟刚过去”，欺负我是乙方还是新来的吗！

是的，此刻我心里两个小人已经快打起来了，一边是说没事啊，走走也好，人家为一个人叫车也不好嘛！另一边是止不住的愤怒在奔腾。

很自然地，我对物业怨气越来越大，几乎每次被班车放完鸽子，只能步行进来时，从项目大门到营销中心的那1.2公里，我都是在愤愤不平中走完的。

不停地抱怨自己作为乙方的小新人怎么就这么可怜，连个车都叫不动；抱怨生活不公平，有人开着车从这里到那里轻轻松松，而有人却只能一步一步走不论风吹日晒；抱怨这些物业人员，凭什么他们想送就送，不想就可以不送，电瓶车难道不就是接送客户和工作人员的吗？

这样每天一大早就一肚子怨气，的确很影响工作的心情，后来我终于察觉到自己的不对劲。

我开始回想自己，分明刚开始是没有对别人抱有这么高的期望的，分明是对物业并无要求的，为什么现在我会变成这个样子？为什么会在心里要求他们要来车接送呢？

是因为第一次那个物业大哥好心主动帮我叫了一次车把我惯坏了吗？不，我不是那种贪得无厌的人。然后我就想到了一个被我忽视的细节，那是有一天下班，和小南一起回来时聊天，她说她来这么久没有一次是走进来，她就是跟物业“策”，卖萌撒娇，反正就是要坐车。

我好像就是从这次聊天之后，心里开始揪住那个点不能放的，开始纠结凭什么她可以我不可以，开始觉得物业本应该做这件事的。总之最令我介意万分的，就是这种区别对待。就是那种别人能叫动而我叫不动的挫败感，不论别人是以什么原因叫动，是凭他位高权重，凭他跟物业关系熟，还是凭他会与物业玩笑卖萌，总之结果就是，别人可以坐车进来，我要走进来。

如此赤裸裸的不公平，才是我真正无法平衡的地方。

我开始对叫车这个事较起真来了，我不知道究竟是怎样的情况下可以叫车，这个是否有什么规定，还是说真的物业司机可以这么自由，我甚至想在周例会上向开发商提出这个问题，问问清楚。

不过还没等到周例会的时候，我先迎来了一项需要物业配合的工作任务。

主策交待我去清水样板间看看那边整理的如何，并要拍几张照片。因为这个项目很大，我才来根本不认识路，并不知道样板房在哪儿，主策说让我叫电瓶车送一下。

我心想靠物业不就凶多吉少了。出营销中心，对保安亭那个站岗的人说能不能叫车，他果然摇头。

我解释我必须马上赶到样板间，他还是摇头。我问，为什么工作人员就不能用车？他没有明确解释，我问物业这边的主管是谁，在哪里。

他说在办公室呗。

我说，是主管做的规定工作人员不能用车吗？

他干脆转了头，指了指不远处电瓶车旁边那伙抽烟的人说，你直接去问他们愿不愿意送你吧。

我懒得再跟他纠缠，就径直朝那伙人走过去。我并不知道物业规定究竟是怎样的，所以无法理直气壮叫人送我。时间很赶，也不可能去找什么物业主管问清楚了，于是我走了软化路线，把事情说得比较紧急，“清水样板间今天开放，我要赶在客户来之前过去检查”、“但是我是新来的不认识路”之类的。

那帮人在那里依旧抽着烟，开着玩笑，问了我好几句，诸如没听说样板间开放之类的废话，我一一作答，虽然我当时已经很火大了。

他们终于抽完了烟，上车。

去样板间的路上，我问：“是不是工作人员没有带客户就不能用车？”

他说：“那当然，我们是不可能为了你们进来上班什么的开车接来接去的。”

我说：“所以就是说我们不能用车咯？”

他又笑得很暧昧，说：“也不是不可以。”

我说：“那怎样才可以呢？”

他说：“哎，这个嘛，这个嘛……自己去想吧。”

我冷笑了一下，所以这就是传说中的灰色地带？制度空隙之中的

自由？

怎样才可以呢？要跟你嬉皮笑脸搞好关系？要给你送点东西给你点好处？

即便我想得到，我也做不到。

那一刻我对物业的厌恶上升到了最高点。回去吃午饭的时候，跟同事聊天，我毫不避讳地表达了对物业的失望透顶，这时几个外围公司驻场的同事说，她们每天也都是走进来的。聪聪说她以前也叫过一次，对方不肯发车，她就再也没叫过了，才懒得去求那种人。反正就当锻炼身体了。

我心里顿时安慰了不少，原来并不是我一个人能力不足，不能像小南一样搞定物业，原来还有这么多人和我一样。

我突然意识到，或许我一直认为的不公平，也是另一种意义上的公平。本来人家就是可来可不来，你又没给他什么好处，你跟他又没什么交情，他凭什么来接你？这么过分地纠结于公平，大概还是自视过高了吧，在心里要求别人要对你怎么样，未免太看得起自己了。别人根本没有义务这样做。

既然自己不屑为了这点利益，去跟物业拉关系，自然就要承担没有这个方便的后果啊。何必眼红别人可以拿到这个好处，你又没做到别人做到的事。

而且，跟物业打交道只是我工作里微不足道的一部分，我竟然被这种小事影响，这样也太不值得了。我工作有那么多事要做，谁要为了这种破事浪费情绪？

想通之后，就觉得自己之前心里那么多的小九九实在有些好笑。我突然开始安于自己的选择了。既然已经明确以自己的性格做不到刻意去搞好关系，那就不要多想了，那就安心走自己的路，不去看坐车的

人吧。

我想这还只是一件很小的事，或许以后还会碰到很多这样的灰色地带，这样制度之外的自由，我想我该做的，就是将这种不公平视作公平。

从A点到B点，也许他有车直接开过去，也许他有人让他坐在副驾驶，而你，只能一步一步走路过去。但是不要埋怨上天的不公，不要眼红坐车的人，因为或许他们也为了这辆车，已经吃过你不曾吃过的苦，做到了你没有做到的事。

这就是公平的不公平。

不知道下一站去哪儿的时候，或许坚持就是最好的选择

整个实习期就像一个和自己的负面情绪做斗争的过程，不断产生焦虑点，想通，又产生新的焦虑点。

我曾经幻想自己工作之后的生活状态是这样的：白天好好工作，晚上看书写字，现实和梦想，我都要。

但事实上，我两样都没抓住。

刚开始那段时间，没办法写东西，我还可以安慰自己，说才进入职场，又是一个新领域，要多花些时间在专业学习上，等工作顺手了再开始搞写作。但是等到了第二个月，我发现自己状态越来越差，就连晨间练笔的内容，也几乎全部都是写的工作上的事，文艺细胞好像死光了。

我总是觉得时间不够用。

很长一段时间，特别讨厌加班。但是这份工作的属性，决定了不加班是不可能的。随时都会发生什么杂七杂八的事情，耽误到很晚。

每次加完班，坐在回来的公车上，看着已经亮起的路灯，都会觉得情绪低落到极点，就会怀疑这份总是耽误我时间、打乱我计划的工作是否值得我继续下去。要是我根本就没有什么梦想，或许我就不会这么在意被占用的时间，要是我和大多数人一样，安心工作，回家玩玩就睡觉，我大概不会这么焦虑。

但是偏偏，我就是有另一项事业，并且是我生命里最重要的事业，当这项事业的展开被工作耽搁时，我就会对工作产生一种逆反的情绪，我讨厌它这么贪婪，无休止地吞掉我的时间，我本要用在写作上的时间。

那阵子跟好朋友简儿聊天吐槽最多也是加班这件事，我说加班怎么怎么烦，怎么耽误时间，怎么挤榨了我的梦想。

结果他犀利地来了句：”可是你就是还剩下时间也没有写字啊。”

我盯着那行字愣了下，顿时有种被揭穿了的感觉……好像也是，自从上班以来，我就完全没心情写字了。其实仔细想想，除了上班的时间之外，总还是有一些时间可以用来打理理想的。

但是我并未这样。我每天下了班之后，算计着今天又被工作多占用了多少时间，心情也格外浮躁，然后去上网找人聊天，或者刷豆瓣直到刷不出一点动态，然后到十点钟就困得睁不开眼睛了，然后倒床就睡。浑浑噩噩地过完一天。

他说：“你这是两边都弄不好，连顾此失彼都不如啊。”

突然就想到一句话，不要为打翻的牛奶哭泣。而我的注意力总是放在已经不可挽回的事情上。比如加班占用的时间，已经占用了，已经过去了，但我偏偏就是要为这些已经无可挽回的事情烦躁抑郁，浪费掉更多的时间。

这不是损失扩大化嘛。

我自己也觉得不能再用这样的心态对待加班这件事了。专注于自己还有的时间，对于已经离开的时间，让它产生别的价值就好。

但是问题很快又来了，那就是很多时候，我都不觉得我花费在工作上的时间产生了什么价值。

一个星期6天工作日，我最喜欢周二。

周二是跟开发商开例会的日子，我负责做会议纪要。每次开会我都能接触到好多新东西，比如说跟广告公司定推广方案，看广告方做提案，将一个价值点加以演绎，然后我们专业公司代表根据实际操盘经验指出推广方案的不足。每次倩姐和主策发言时，我都会生出一种崇拜之情，作为一个暂时只有资格在一旁默默记录的小透明，我是多么希望自己有一天也能提出如此专业的意见呀。有时候开发商和我们公司定全年的推售节奏，做全年的销售总控图，看着波峰波谷层层错开，突然觉得营销也挺艺术的。

可是开完会之后，回到常规工作之中，我的劲头就泄掉了一半。让我做新的工作任务还好，比如说让我去写个活动方案，整理活动流程，这些我以前都没做过，现在做仿佛是在学习新的技能。

但是有时候，有的工作内容给我的感受简直是痛苦。

比如说做活动执行。项目为了节省营销费用没有请活动公司，活动从策划到执行都是策划线操作的。做活动执行的时候会被安排做签到之类的工作。

照理说签到其实是最简单最轻松的工作，无非就是在那里坐一整天，有参加活动的人就让他们来签一下字，留下号码。但实际上，如果我那天的工作就是给人签到，哪怕准时下班，我都会觉得焦虑到极点。

因为我觉得无聊，我觉得这就是一件任谁都可以做的，对人并无太多要求的事，毫无挑战，毫无难度，毫无意义。

类似的工作内容还有，将报名客户的姓名电话录入电子档，跑腿，甚至连和广告公司对接，催他们快点定稿，和物料对接之类的任务，我都觉得很没意思。所以每次一要做这样的工作，我就觉得很焦虑。

我会想，我投入的八个小时时间，值得吗？

工作越久，我发现我对工作的要求绝非只是钱而已，我对工作有着更高的要求，我想要我投入的每一分钟都产生意义，我工作，不仅为了

得到薪水养活自己，还要得到文字之外的另一番成长，我想要我投入工作的时间都有之于我自身成长的价值。

所以，难怪我对那些高水平的活动，例如制定推广方案、推售节奏等工作内容表现出了极大的兴趣，而对自己所能及的，比如活动执行、签到等工作内容，又嫌弃其无意义，浪费时间。

我发现，自己丝毫不能免俗地，可以被冠以那个经常被用来形容大学生的词汇——眼高手低。

我开始无比怀念原来在学校的日子，在校时，通过对时间的合理安排，几乎每一分钟都产生意义，阅读的意义是积累，写作的意义在创造，哪怕发呆、散步，都有愉悦生活的意义。

可是工作，虽然也有“意义”的工作内容，但是比起那些琐事占用掉的时间，简直少得不值一提。就在我怀疑工作的时候，QQ空间里有人转了一篇文章：《我的助理辞职了》。

大意是说作者的助理，是很好的条件招进来的，作者也很看好她，但是半年之后助理就提出辞职，因为觉得工作就是一些琐事，没什么意义，然后作者就告诉她，她刚毕业时也是做助理，但是却能从这些琐事中发现意义，将这些琐事做得很好。

看完这篇文章我确实挺受触动的，我觉得自己和那个助理好像，做着这些琐事，浪费大把时间，她要辞职我觉得太有道理了。可是作者说这样其实还是自己没有用心做事，像她一样于琐碎中发现规律，将琐事做好，慢慢获得上级信任，得到更多机会，我觉得也有道理。

这篇文章让我的焦虑有所缓和，我想问题大概还是出现在我自己身上，我应该换一种眼光，在琐事中发现意义。虽然说实话，我真看不出签到、信息录入电子档这类事有什么意义。

后来有一次回学校做开题答辩，大巴车上正在放一部电影，不知道

叫什么名字，范冰冰和陈小春主演，讲陈小春怎样跳舞成才的故事。情节其实并不出彩，但是我却十分触动，因为我好羡慕他们。他们不断地练习舞步，越来越娴熟，最后终于在舞台上精彩绽放。我忽然就觉得，我或许更喜欢这一类事情，就是不必费劲思考它的意义，只要不断地练习、重复、累积就能得到提高的事，譬如弹琴，譬如写作，譬如画画，等等。

就是纯粹一点的，只要去做，就有意义的事。换句话说，它本身就是意义。

因着这样的情绪，我对工作的怀疑态度越来越强烈，一旦接手了一些无意义的工作，我就会很反感，但又不得不做。

这样的反感情绪的累积，终于迎来最后一根稻草。

有点不知道如何叙述这些太过细碎，却又出奇地沉重的事情。

那天大概是工作以来动摇得最厉害的一天，我真的真的几乎要放弃了。

其实那天一天都很闲，主策休假，我也就几件小事要做。其中一件就是关于摄影对接的事。我们项目跟一个摄影机构合作，送老业主一个摄影套餐，请老业主过来，给他们拍照，然后给每个业主选出一张，打印出来贴在照片墙上参加评选，得票数多就有现金奖励。

本来那些照片是要在选照片的当天就要打印出来了，但是摄影机构不怎么配合工作，拖到下班了才开始打印，后来打印机出故障，就只打出来5张。

跟摄影机构的合作是开发商这边的策划经理去谈的，可能价格压得比较低，他们那边对我们也有所不满，所以非常不配合后面的工作。我们活动最重要的部分就是贴出那些照片，吸引别人投票评选，但是他们却拖到周四才将其余的照片送过来，还漏掉了三个业主的照

片。我再去找策划经理，他就丢给我一个那边的号码，让我直接跟那边联系。

我打电话过去，那边一副很不合作的态度，还跟我吐槽我们上边的人还不把钱打过去，不打钱她是不会打印照片的。

我真是很无语，特想问她，这关我什么事？对我说这种气话有什么意思？打印齐照片本来就是她们分内的工作，凭什么拿这种事来做要挟？

之后跟策划经理转达了摄影机构的意思，他让我先别管。过了不久，那边又打电话来了，不知道策划经理做了什么动作，她态度又好多了，让我把缺的那三个老业主的名字发给她。

本以为事情很快就可以解决了。周五我休假，周六回去上班，上午我就打电话给摄影机构，催他们快把照片洗好送过来。对方说抽不出人来送，只能快递，最快也要明天到。

但销售经理说不行，已经有个照片还没贴出来的业主在闹事了，如果今天不送过来要追究责任的。

他说的倒轻松，我手里有任何能要挟到他们的东西吗？他们是策划经理谈的，策划经理就只管谈过来合作，签个合同，剩下的他就不管了，反正丢给下面的人来做执行，结果摄影机构对他的不满不敢直接表达，就发泄在后续工作上。策划经理就更干脆了，事儿跟到一半直接把号码丢给我，让我跟进后面的事，这算什么？这不就是让我收拾烂摊子吗。

项目经理说如果摄影机构抽不出人送的话，那就我们这边快下班的时候派人过去，还让我问了下那边的地址和下班时间。

我将问到的信息发给他，还以为他会下班的时候自己去拿，因为他有车嘛，后来才知道是我天真了。

下午快4点的时候，项目经理走进来说让我去拿照片，我当时还呆呆地回了句，怎么去啊？他说搭车去啊。我说，你不是有车吗？你下班回

去的时候去拿呗。

是的，我一直都是这么以为的，以为他就是这么打算的。但是我很快就醒悟过来，他从头到尾都没有说过要自己去拿，只说会在快下班的时候派人去拿，于是，他所派的这个人，就是我？

项目经理还在说他晚上可能要加班，要如何如何之类的，说，你今天也没什么事要做吧。

我说，哦，好。

就算我手里头没什么事，我也不觉得该由我去拿照片。明明是摄影那边工作不到位，为什么要我们这边来负责。

明明事情的前因与我无关，为什么要我来承担后果。

打了四个电话给摄影那边都没接，短信也没回。我都不知道我去了那里能不能拿到照片，还是会出什么状况。那天天气特别冷，一个人瑟缩着走在从营销中心到项目大门的那条长的看不到尽头的路上，心情一点一点地跌到谷底。

坐在公车上以一种抑郁的姿态坐到终点站，转车，这车已经满载了，我提着包和笔记本，挤过人群站到后面去，我在想，这段时间我收获了什么。

这个问题其实是前一天我的编辑问我的。她找我约稿，我突然很想问问，她毕业的时候是个什么状态，是否也和我一样如此纠结。

我说这边没有双休，还要加班，就算不加班晚上的时间也得用来看相关资料，不然无法弥补专业问题，完全没有时间写作，我好矛盾好纠结，要不要继续走下去。

编辑就问了我这样一个问题，你收获了什么？

我收获了什么呢，扪心自问，除了人际上的稍稍好转，专业上的空白填补，我还有什么收获呢？

我收获了什么？站在拥挤公车上，左边肩膀上挂着很重的包，右手腕挂着更重的电脑，几乎要腾不出手来扶住栏杆，随着公车的启动、停止，几乎难以稳住自己的身体，待会儿还不知道要遇到怎样的刁难。

这个时候我在问自己，我现在干的这拿照片的屁事究竟让我收获了什么？做活动执行，就坐那儿给人签到这种小事让我收获了什么？还有好多好多屁事，这些都吞掉了那么多时间，却又让我收获了什么？

在去拿照片的路上，我真的觉得不行了，我走不下去了，我想要放弃了。我想起之前跟我一起在梅溪湖项目的邵丹，听大师兄说他已经辞职了，就突然想打个电话给他，我想知道他离开的理由，或者说想给自己一个离开的更坚定的理由。

我说："我也想走了，我觉得我受不了了，老是在这里干这些琐事儿，也看不到意义。"

他说："刚出来都是从基层干起的，就是要先处理这些琐事。"

"可是我不想给上面的人擦屁股，两面夹击，做这些屁事我都快烦死了。"

"我问你，你喜欢这个行业吗？"

说实话，当他问出这个问题的时候，我几乎以为很快他就要说出我要听的话了。

我说："我谈不上喜欢，但也并不讨厌。"

我这样回答，难道他下面不是应该说——"那就不要做了，那就去换自己喜欢的行业，做自己喜欢的事。"

我真的竖着耳朵等着他说出这样的话。

可是他说的却是："那我建议你还是留下来，坚持个半年到一年。"

他说工作就是这样的，说很喜欢那肯定是假的，但只要不讨厌，就可以坚持一下，而且如果我现在放弃的话，等于什么都没得到。而且就

算我现在辞职了，我也没有更好的打算啊。所以最好还是坚持。

他说策划其实就是个万变不离其宗的事，在这里把策划的本事学到手，以后就算转行也没什么问题了。其实现在也没有太多的压力，可能是刚出校门的缘故，有点不适应，他刚毕业那会儿也是这样的。

“没关系的，女孩子嘛，慢点来。”他说，“先干完实习期，然后回学校专心搞论文，再以一个全新的姿态回来。”

在拥挤的公车上，我站在后端，不管不顾地对着电话说我受不了了，我觉得连实习期最后的十天我都熬不下去了。怎么办我想放弃，我想要他给我一个放弃的理由。

可是他让我坚持。

其实挺谢谢他，当我挂断电话的时候，我忽然意识到，或许他说的才是我内心真正想做的。

我的内心，是个骄傲的东西，它不甘心认输。

说来也奇怪，想到这一点之后，我忽然就平静多了。

然后下车，去找摄影机构的地址，找到之后，又在那里等了半个多小时，他们才洗好照片，拿到照片找回来的路的时候，天已经黑了。

一路我都很平静。我又通过了一次考验，自己心理的考验。

甚至第二天我回想那件事的时候，都觉得分明是一件那么小的事，说穿了就是去拿个照片而已，怎么就想不通呢，怎么就那么在意呢，怎么就那么受不了呢?

但我很清楚，当时当刻，那样一件小事真的沉重到几乎要成为压垮我的最后一根稻草。

真的觉得工作就是一次一次跟自己做斗争的过程，从3月1号实习开始，纠结矛盾到平静到新纠结新矛盾，但愿我能打到通关。

你需要工作之外，撑住你生活的东西

有时我审视自己的生活，看堆积了几天不想洗的衣服，看阴潮发霉的墙角，看每天天黑才回来，到家就蹲在垃圾桶旁盯着墙壁长久发呆、思绪一片空白的自己，看一天天总是情绪低落，每天去上班路上都要给自己说很多苍白的鼓劲的话的自己。

我不得不承认，自己似乎被工作绑架了。

回想去年此时，我在做什么，我每天早睡早起，每天早上都敷橙花水膜，挑一身看着心情就好的衣服穿出门，吃一顿丰盛的早餐，白天看书写字，晚上跳郑多燕，出一身汗，然后洗澡，看书或者上网，然后睡觉。每一天我都能触摸到自己生活的存在，每一天都觉得：没错，我是在生活。

可是现在，我连洗完脸拍个爽肤水的心情都没有，每天上班清一色黑衣服。有时看到上班打扮得特别漂亮的女孩子，我都会羡慕，因为她们还有一份打扮自己的心情。那时在播一档大热的娱乐节目，我的好友都很喜欢看，每到周五看到空间一大片人发表关于这个节目的说说，我都羡慕，羡慕他们有心情看电视，有心情娱乐。

我好像完全丢了这份生活的心情。

每天早出晚归，看不了书写不了字，没心思打扮，没心情做保养，只有工作，还有一堆什么都不知道又无从下手的地产专业知识。

所有的情绪都只为工作所影响，工作好就好，工作不好，就整个情绪都坏透了。我看着时间，看着生活的心情被工作大把大把地吞噬，却无能为力。

我的生活为什么会变成这个样子？我一直在思考这个问题，为什么我这么容易受工作影响，什么时候起我的心理防线变得如此脆弱，刚一开始工作，就变得如此焦虑不堪，每一天都这么难过。

很长一段时间，我都找不到答案。

有一天我回学校交实习材料，跟室友聊以后的打算。

人在焦虑茫然的时候， 总是喜欢看看别人的路是怎么走的，虽然分明不会走上同一条路，但看看别人的路，于自己而言，也算是一种安慰。

阿P说，她想去西安当外语导游，虽然当年她跟我一样对当导游深恶痛绝，甚至几乎自从大二那年暑假我们一起在旅行社实习过后，她就再也没带过团了，可是现在她又当导游，又当地陪。这种跟全陪完全不是一样的性质，不是那种人人都能踩一脚的受气包，而是在自己的地盘，并且是外语导游，用英语介绍本土的文化，“想想都觉得特有成就感”，我笑，真羡慕她有这样一个清晰的新目标。

米苏，她最大的愿望就是当个家庭主妇，想留在益阳，因为她男朋友是益阳人。她说反正不太想出去闯什么的，过个小康水平就行了，刚毕业可能还是要工作一阵，想找个轻松点的能养得活自己就行的工作，然后等男朋友发达了她就不工作了。我也好羡慕她，羡慕她这样的心态，一颗凡心，平淡安乐一生。

猛物，她说具体做什么她也不知道，应该会跟脸盆（她男友）一起去广东那边，“反正我什么都不怕，只要和脸盆在一起。”我也好羡慕她，有一个人可以交付自己的依赖，有这样一个依赖在，似乎无论工作

如何，生活都不会坍塌。

听猛物说完，我忽然就有点明白了，为什么自己的生活被工作搅得一塌糊涂。因为除了工作之外，我再也没有别的支撑起生活的东西。

我想起某一次休假，清晨起来心情就特别坏，起来喝了口水又坐回床上，看着屋内凌乱的一切也没有心情收拾，想着待会还有两个报告要写，发会儿呆就开工吧。然后突然就收到我妈的信息，说临时决定要来长沙看我，马上出发。

我当时几乎是尖叫着一跃而起，跳下床去洗澡洗头发，然后选了新买的白色娃娃衣配牛仔裤，然后又觉得房间太乱，不想我妈觉得我过得很惨，所以那一个月来首次整理了房间，打扫了卫生。

当时外面下着倾盆大雨，我妈其实是来看一个病人顺便看看我的，本来说是在肿瘤医院，我说那离我这里好近只有三站路，到了打我电话就是。可是后来妈妈又打给我说不是在肿瘤医院，而是在雨花区的什么中心医院，那个地方我听都没听过。挂了电话我就开始胡思乱想，外面下这么大雨，我想，她该不会因为嫌这儿远就直接回去了吧。如果真的是这样，我几乎可以肯定我会立马哭出来。

当然是我想多了。那天我见到了我妈，还和她一起吃了饭。

原来从情绪的谷底跳到巅峰，只需要一秒钟。只需要我妈说，她要来看我。

项目的上一个辅策，也就是我来之前在这里做辅策现在调到别的项目去的那个女生，她之前的表现让主策很不满，主策常跟我说她工作不怎么用心，总想着要去参加朋友聚会之类的。我当时也觉得这样很不应该，努力把工作做好才是正确的。可是偶尔在公司开会看到那个副策，总是一脸笑呵呵，人特别好相处的样子，我又觉得好羡慕她，她怎么可以那么开心。

现在我知道了为什么自己曾经鄙夷她的做法现在却开始羡慕。因为我在被工作奴役，而她在奴役工作，她的生活里还有好大一部分由丰富的朋友圈支撑着，工作动摇不了她。

我说这些事只是为了说明，生活真的是需要很多其他东西支撑的，比如亲情，爱情，友情。

而我现在的状态，就是生活少了这些支撑，只剩下一个工作，孤零零地左右摇晃。虽然以前在学校，我也差不多，没有亲人在身边，没有值得依赖的爱情，但毕竟那时生活是平稳安逸的，没有什么风浪，我自己把控着生活，所以能过得很好。但是现在不同，生活已经不那么平顺，而我唯有工作这一项完全无法控制、甚至总是给我负面影响的东西作支撑，我的生活如何能不摇摇欲坠。

以前大家都觉得我独立强大，我自己也这么以为。但其实是因为那种安逸环境下的独立并不难。而此时，我依旧看起来独立强大，单靠自己撑起一切，但其实心里早已脆弱不堪。

所以我没有了欣赏生活的心情，所以我每天闷闷不乐，所以我每天都要给自己很多苍白的鼓励，那么艰难地坚持。

因为我的生活体系已经崩塌。我想这也和我自己的生活体系太过脆弱了有关，当环境发生变化，从自由轻松的校园走进风雨欲来的职场时，它一下子就崩塌了。

我想我需要的是，工作之外，能够撑住生活的东西。我要去修补自己的生活体系，让自己重新拥有那份生活的心情。

爱情还是一个未知数，亲情的话，目前也没有条件接父母到身边陪伴，也就只能多和朋友交流，获得支持。另外就是要建立自己的工作之外的精神世界，本来我是有这个世界的，这个由写作和阅读构成的世界，但是工作之后，它在工作的挤榨和自己的疲于奔命之下，没

能继续独立运行，反而成了我思想的包袱。以后正式工作之后，一定要安排好这个世界，让其独立运行于工作之外，成为撑住生活的重要部分。

一旦正式工作，大概首要的就是建立自己的生活体系吧。让工作仅成为生活的一部分，而非由着工作主宰生活的心情。

其实打败你的，只有你自己——实习后记

毫不夸张地说，实习的两个月是我2013年最黑暗的两个月。

我的朋友都说我简直像变了一个人，他们从没想到过我进入职场，会变得这么消极，抱怨，负面情绪泛滥。要知道从前，在学校的时候，我可是正能量的代表啊，每一天都过得充实有能量。

简儿说，你到底哪来那么多焦虑和压力？你一个实习生，到底能给你多少难于登天的任务？

其实我自己事后想想，也觉得不可思议。说来实习期我的工作能有什么？培训跑盘就不说，玩得很开心。进项目之后，主策也考虑到我新入行什么都不懂，根本没给我安排什么重大任务，就是写一下会议纪要，市场周报，管理一下微博，做点活动执行之类的。都不是什么力所不及的任务，为什么自己就感觉那么痛苦呢？

是那种真正的痛苦。每天早上起来都会坐在床上发一阵呆，世界恰如窗户被窗帘蒙上的房间，一片黑暗，哪怕这是清晨。过马路的时候会突然冒出奇怪诡异的念头，要是这辆车刚好撞到我就好了，这样我就可以不用去上班了。去上班每一步都格外沉重，进入那个项目的售楼部就感觉很窒息。晚上回来什么都不想干，就蹲在地上盯着发霉的墙角发上好一阵呆。生活没有任何色彩，全凭意念在支撑。

心情竟会阴郁到这个程度。

事后过了很久再看那时写的文字，我才意识到，其实对自己纠缠不休，令自己的生活面目全非的，就是我自己。

那个困于人际关系，觉得这简直是自己的一大缺陷，畏畏缩缩总认为自己极不如人的，不就是那个总拿自己弱点去跟别人的长处比，一味自我否定的自己？

那个在新领域面前发现跟不上节奏，遇到难题，就急于认定自己资质差能力弱的，不就是那个自卑怯懦的自己？

那个不断妖魔化未来，还没有跟未来交手就已经被吓得魂丢了大半的，不就是那个对失败极度恐惧的自己？

那个不断抱怨不公平，因未能与他人受到同等待遇就怨气冲天的，不就是那个眼红别人的成果，却不想别人的付出的自己？

那个眼高手低，技术含量高的工作做不了，简单的工作又感觉浪费时间，总因工作上的一点小事而倍感焦虑的，不就是那个不断质疑工作的意义，纠结于付出的时间是否值得的自己？

那个憎恶工作，责怪工作挤榨了梦想的时间精力而倍感痛苦的，不就是那个走着这条“该走”的职场之路，却还惦念着那条“想走”的文艺之路，结果两边都没握住的自己？

这短短两个月，我不断给自己设障，越障，然后又遇新障。我痛苦的源头还是我自己，我的敌人从来都不是工作上遇到的那些人和事，他们只是一面镜子，负责把我真正的敌人印出来而已。我真正的敌人，是对自己的那种怀疑，对自己能力的怀疑，对自己选择的路的怀疑，对自己整个人的怀疑。就是那种自卑，那种对自己的价值，对自己所做事情的价值的彻底质疑，是极度的自我否定。

直到后来很久，我才意识到这样对自己不肯定是一件多可怕的事情。

打败你的，其实只有你自己。

实习在5月份结束。我几乎是逃也似的离开了这里，逃离这段被自己蒙上黑纱的生活。其实在这段失败的实习经历中，我已经想通了很多事情，包括自己为什么如此焦虑，如此不适应，但我知道，我并没有战胜自己，回想这一段生活，我依旧感到恐惧。

所以对毕业要不要回来这里，我多半还是持否定态度的。

但是所有的经历，都不会白白经历。这一次初涉职场，也令我看到了自己在平静安逸的校园未能显示出来的另一面。令我看穿了自己的自卑和懦弱，对自己有了更多的了解。

还没进职场之时，就看过很多职场指导的文章，分明知道在职场要怎样积极上进，要怎样从基层做起，要怎样把琐碎的事情做好，但是身临其境，就会发现原来的那些箴言妙语都不管用了，自己全凭本性在做，缺点暴露无遗，甚至毫不免俗地成了那些职场文章诟病的那一类“眼高手低的大学生”，然而自己去体会，去纠结，去挣扎之后，也极有所得。

大约各有各的经历造化，其实谁又能指导谁呢？

大概到这里，自己悟到最重要的一点是，一定不要轻易否定自己，不要任由自卑泛滥、恐惧横行，因为打败你的，就是这样自我怀疑的自己。

第六章

致前路——没有试过错的，就不知道什么是对的

- 吃了散伙饭，结束了最后一晚的狂欢，就这么散了。折磨了自己几个月的论文也终于弄完了，紧张兮兮的答辩也终于通过了，烦琐的离校手续也终于全都处理完了，大大小小的饭局聚会也终于聚完了。
- 这场恣意又沉醉、灿烂又空虚的青春，也终于散场了。
- 通宵不睡，头有点晕，脚步有些虚浮，仿佛走在云端。走在空旷的马路上，那仿佛蒙着雾气的远方，仿佛和我的未来一样茫然。
- 毕业了。

失败了就放弃，总有你到不了的地方

我想我应该给我这个并不光彩的决定一个交代。

从自己最初开始纠结说起实在是太远了，就从实习期结束6天之后的那个实习生座谈会开始说起。

实习生座谈会，相当于公司对我们这批校招实习策划做的一个小总结，就是让实习生谈谈这两个月工作的心得感受，困惑挫折等。

其实应该是个很轻松的交流会，但从得知要参加这个交流会开始，我就有些抗拒，我不想去。

在那种交流会上，难道我可以说，我一直很纠结要不要继续在这里做下去吗？难道我可以说，我好像并不热爱这份工作吗？难道我可以说，每次加班我都没时间做自己的事我很烦躁吗？难道我可以说，我中间无数次都在动摇吗？

我都不可以说。我只能说一点我在工作上的收获，表达一下对公司的感激。这些都是真心实意的，但却不是我最重要的想法。

那天终于还是到了。

从出门开始我就很焦虑。我提前了一个半小时出发，火车又晚点了半小时，那时候车厅还没有多少人。我没有玩手机，没有听歌，我只是看着铁栏杆，看着塑料座位，看着很多穿着并不光鲜的人提着颜色看起来很脏的麻袋，看穿着拖鞋和长裙的女孩子，看这些来来往往的人，想他们在走怎样的一条路，在过怎样的一种人生。

忽然又觉得自己很可笑。很多人，可能至死都不会像我这么脑子有病似的想什么人生，可是他们都活得挺好的啊。

但是我无法抑制自己去想，去想自己要坚持还是要放弃。放弃是一件多么可耻的事。我不想落荒而逃。

可是，我又深知这份工作就算不讨厌但绝对不是我的热爱，而我热爱的东西自己也并未修炼到极致啊，为什么不把时间投入到自己的热爱上面呢？

可是，别想那条不靠谱的把文艺当饭吃的路好吗，为什么当你还做这份工作的时候，你就想换电脑换手机买kindle，甚至期望两三年之内买个房都不是问题，而你一旦出现不工作的念头之后上面的想法一个都不敢有了？别低估自己的物欲，虽然你不虚荣不膨胀，但你的确是个对物质生活有要求的人。

可是，如果明天你就要死了，你还会愿意做今天的这份工作吗？

可是，明天不会死。你的简历上会标注着你做一行换一行，究竟是所谓的喜不喜欢还是你根本就浮躁得不懂坚持的意义？

你只是因为工作的突然介入致使生活失衡而已，这是你面对的一个挑战啊，你应该努力去化解，努力去重新把控自己的生活啊。

这是一份多好的工作啊。当初也是挑着才进来的呢，那么好的平台，那么好的成长环境，那么好的发展前景。才刚开始就放弃，未免也太挫了吧。有点知难而退的味道吧？这算落荒而逃的姿态吧？

我不甘心。

从长沙火车站，再到公司楼下，大约四个多小时的时间里，我一直在纠结：坚持，我不开心；放弃，我不甘心。

交流会下午四点才开始，我是绝对不会这么早进写字楼的，附近

有一个新华书店，再附近是书市。吃过午饭，经过新华书店的落地窗，看着里面许多坐在落地窗台低头看书的人的背影，看着书架上一列列书籍，我很肯定，这才是让我兴奋的东西。吃完饭之后，还有将近两个小时的时间要打发，我自然就走到了附近的书市，三楼是一个图书超市，入口处的架子上摆着许多畅销书，其中一本书的名字吸引了我的眼球，我翻开，里面有一句话瞬间击中了我，“失败了就放弃。你总有到不了的地方。”

我盯着这句话看了好久，直到眼睛有点发热，这反应大概有点矫情吧。

我把书放回原位，接了一个主策的电话，我想在这里讲电话不太好，就走了出去。打完电话，本想干脆上去算了，但经过新华书店的时候，又走不动了。又进入，店长推荐栏的第六本，是韩寒的《我所理解的生活》。

我知道里面有一句让我在实习期间动摇过的话，“我所理解的生活，做自己喜欢的事情，养活自己，养活家人。”

仿佛又要寻求支持似的，我取下了这本书，这本书应该是已经被很多人翻阅过了，因为它很旧甚至有些破了。我翻了几篇文章，找到了这句话，然后又去翻其他，有一篇是他在一档电视节目《成人礼》上的演讲，当时我就在电视机前听得热血沸腾。

人在找不到方向的时候，总是喜欢看看别人，看别人经历了什么，选择了什么，得到了什么，失去了什么，哪怕这个人走的路其实完全没有可复制性你也不想复制，但至少于你是一种安慰。

原来他也茫然过，他也摔得很不好看过。当然韩寒不是个喜欢贩卖悲情的人，这篇文章也是一贯的轻松好看，它要表达的意思其实只有一个，那就是去做你热爱的事情，如果没有找到，就去找你的热爱。

我一边继续热血沸腾一边又迷茫不解，他写作之外的热爱是赛车，而我好像找不到能与写作并驾齐驱的热爱。

3点多，差不多该上去了。很遗憾，我并没有发生小说里描绘的“那一瞬，我突然明白了自己真正想要的”之类的醒悟，那些文字再触动我，终究绕不开现实问题。

我还在纠结。

公司今天开大会，所有的策划和项目经理都参加，因而人很多，很吵，有的人在打电话，有人在对着电脑噼里啪啦，有人跑来跑去问别的项目的数据，有的两人围着一台电脑讨论工作，整个办公室纷乱又嘈杂。事实上之前在实习的时候我也是这其中一员，今天得以短暂脱身看着这一派场景只觉心里分外焦躁，一想到不久之后自己又要回归这种生活，我就更烦。

交流会开始，我最后一个讲。让我有些不知该用什么表情的是，参会的7个人，好像6个都是表达这两个月有多充实工作多快乐，甚至还有人用“幸福”来形容这两个月，还有人坚定地表示一定会在这里待两年以上。

难道我就是个异类？就我觉得难？就我觉得受不了？就我觉得没价值？难道根本就是我自己的问题？是我自己静不下心来踏实做一份工作，是我自己不懂坚持，是自己不用心，自己畏难，自己想得多做的少？

我忽然明白我为什么会这么焦虑。不敢真正放弃，因为我不仅不知放弃之后的去向，更严重的是，放弃二字，会令我对自己产生怀疑。在以前，我对自己是笃定的，而现在，我怀疑自己是不是只是会说而已，做起来就是一个毫无能力可言的庸者。

我不想承认这一点，不想承认自己其实受不住压力，其实工作不用心，其实满满的负能量，其实能力不行，其实就是职场“酱油党”，所以我不能放弃。

最后指导人总结的一番话，更是令我肯定，我不能放弃，放弃就等于打个酱油走人，就是落荒而逃，就是一个在艰难中不能坚持的庸者。

她说，其实新人能在这里坚持一年以上的少之又少，甚至半年都坚持不下来，两个月就走了。因为这份工作的确又苦又累，又要经常加班，又感觉不到什么价值，要被开发商责骂，甚至是被主策责骂，刚开始真的是很艰难。但是如果只做不到一年就走，其实根本没有掌握到真正有价值的东西，所以最重要的还是要坚持下去。希望大家能自己调整好心态，快乐地工作和生活。

指导人这番话确实令我很有共鸣，“没有价值”，没错，这就是我在实习中无数次质疑的地方，我把那么多时间投入到这份工作，究竟之于我个人的价值在哪里？我看不到。

指导人说，坚持下去才能看到价值。

他们都说在这里工作很充实，收获很多，很幸福，毕业之后一定回来。

所有人都说，包括我自己也承认，这里是一个非常好的平台，有一个最适合新人成长的环境，上面也极其重视新人的培养。

所以，我还是应该要坚持的吧？

那天，我是带着这种并不确定的肯定回学校的。

第二天早上醒来，坐在床上发呆，我也不知道自己在想什么，突然电话铃响，我接起来，是一个项目上的销售同事，问我今天有没有班车，我说应该有。她又问我什么时候回项目，我犹豫了一下，说7月1号之后吧。

说实话，说完我的心情立刻就跌落谷底。一想到我要回去，要去做那些乱七八糟的琐事我整个人就觉得很压抑，很抑郁。

我真的要回去吗？

好像一切又回到了原点，我依旧在问自己这个问题，依旧没有答案。

我起来，去图书馆写稿子，吃饭，然后睡了一整个下午，醒来，头有些晕沉沉的，开电脑，上网，刷豆瓣，然后，我看到了这篇文章《致第一份工作》。

里面一句很普通的话，成为我的最后一根稻草。这句话大意是说，只有在做自己喜欢的事时，才能废寝忘食。我忽然明白了，为什么我每次加班都心情极不好，觉得工作占用了自己太多时间，因为这不是我所喜欢的。

唯有热爱，才能让你不计回报地投入。

我看完文章，返回首页，然后又点进去，又看了一遍，郑重推荐了。又看了一遍，分享到空间，然后我就笑了。

我决定放弃，这一刻，我感到前所未有的轻松。

虽然这份工作前景好待遇优，坚持下来在这座二线城市自己买房都指日可待，虽然以我单薄的简历未必能再够得上这么好的平台，虽然堵死这条路之后我的未来又多了一线危机。但是，我还是要放弃。

我要像宋小君说的那样，努力将特长变成工作。

所以，我要去做一份与文字相关的工作，一份能让我大量阅读的工作，一份能磨砺我文字能力的工作。

想到这里时，我终于找到了久违的踏实感和确定感。这个，大概才是我真正想要的答案。

没有你该走的路，只有你在走的路

毕业季我最常态的情绪就是纠结、茫然、焦虑。其实也能理解，还有什么比未来没有着落更让人心慌呢。

避风港消失的倒计时已经开始，马上就要被赶下海了，可是连往哪儿开都不知道，没有方向，只有风浪。你越来越担心，看着空茫无际的大海，好像面前有无数条路供你选择，又好像一条都没有。似乎这边看着不错，但那边风景也很诱人。你纠结不定，钟表倒计时“滴滴”作响，你也越来越急，你怕你还没准备好的时候就响起那声刺耳长音。

结束实习返校之后就一直在纠结。先是纠结要不要回实习单位，决定放弃之后又马不停蹄开始纠结新问题：

辞职之后去干吗？

工作还是不工作？

工作的话那去找什么工作？

很长一段时间，我都不想工作。

那会儿我看到谁在走“间隔年”我就特兴奋，看到哪个导演成名前失业在家多少年我就特安慰，无疑，我是在获取各种信息支持这个不工作的想法。我不断幻想没有工作的美好生活，有足够的时间读万卷书书，行万里路，写万卷字，完全沉浸在我喜欢的东西里。

但是很快问题就浮现了——没钱。稿费卡里剩的那点钱，最多够吃

两个月，花光了之后我要去喝西北风吗？焦虑又开始了，但还是不想工作，侥幸想着养活自己应该还是勉强做得到吧。当然我其实完全没把握。

后来有一天在网上看到这么一句话，有人问一位作家，什么是作家，他回答道，作家就是先养活一家，再谈作家。

我盯着这话看了很久，最后觉得还是要找个工作的。

那么，做什么工作呢？

开始想做编辑，毕竟文字相关嘛，一边找点书了解编辑工作一边给大牌杂志社投简历，结果竟是杳无音讯。我意识到以我目前的条件在出版业还够不到一个特别优质的平台，另一方面也发现自己并没有那种想要从小公司开始积累的欲望，虽然它与热爱相关，但本质上终究还是一份工作。

那真是一段摇摆不定见异思迁的日子，看到哪里招编剧，就脑子一热想去做编剧，突然看到群里来了招人参军之类的消息，还想干脆当兵去算了，某一时刻甚至还想，没别的干了就回原实习单位算了，平台高待遇优，多好啊。

毕业季，似乎最怕别人问，“你以后做什么？”“去哪里发展？”

因为我不知道。

这两年活得还算清醒的我到了毕业这关口，竟然也茫然无措起来。我大学四年实习了三次，酒店，旅行社，房地产，干一行恨一行，到现在也不知道下一站往哪里去了。

虽然有过很多想法，但是深想一番，似乎都有值得考究的地方，譬如做编剧，那分明就是另一种形式的全职作家、自由职业，令我兴奋的未必是影视行业的编剧这一职位，而是自由创作的生活状态；当兵则是在逃避，想把自己丢到一个严苛的地方，被严格要求，不用有太多想法，只要按照上级说的做就好，分明就是放任思想的惰性；至于回实习公司，后来我才承认，那分明是在出版业受打击后的退缩表现，觉着自己到出版业恐怕再进不了像世联之于地产界这样高的平台了。从富行业的高平台跳到穷行业的普通平台，问题是这穷行业竟然还不要我？我那奇异的自尊心分明在作祟：哼，我还不来呢！

很快我就洞察了自己这些小心思，对于未来，我终究没有找到那个真正的答案。

脑子里好像空空的，什么都没有，又好像已经塞了太多东西。很累，恰逢端午节，我想回家休息几天。

在家四天，我看了两本书，《看见》和《十四堂人生创意课》，后者已是我第三遍看它。这一次看，我注意到的是一句以前未曾注意到的话。

李欣频说，人生的轨迹总是七年发生一个重大的变化。

时值午夜凌晨，我坐在书桌前盯着那几行字，手指摩挲着纸张，仿佛有一种令人清醒的触感。

我抽出一个本子摊开，一端写了个21岁，另一端是28岁，这七年之内，我希望自己进入一个怎样的阶段？

我没有马上找到答案。

我在思考，我的人生一定要经历一段的是什么生活？我想要一个怎样的生活状态？什么样的生活画面令我向往、兴奋？

在学校散步时，经常会看到这样的场景，一对情侣，牵着一条超可爱的金毛，在湖边玩水。我特别向往这样的生活，但是这仿佛暗示着一种尘埃落定。但很明显，现在的我，并不想这么早尘埃落定。

那么还有什么是我不经历就觉得人生不完整的呢？应该是一段留学生活。我特别希望自己有这样一段生活经历，在异国他乡，感受另一种

文化，学习自己喜欢的课程，独立生活。那样的生活状态是我目前最想达到的吗？

是的。那么我要如何才能达到呢？英语要很好，要有钱，要有精彩的写作成果或者相关工作亮点。那就从这三个方面来安排计划就好了。

一切都瞬间明晰了起来。

我忽然想通，其实没有什么该走的路、想走的路，判断这条路是否正确，只需要审视一下，自己现在做的，是在靠近自己最想要的生活状态吗？

所谓成功并没有定则，有的人初中毕业就出来打工创业，后来也过上了自己想要的生活，有的人按部就班高学历好工作也生活得很幸福，有人走间隔年找到了自己想要的东西，也有人毕业就脚踏实地认真工作，扎扎实实积累了几年经验。每一条路都各有所得，各有所失。

有段时间，我想要是面前没有那么多选择，就只有一条路不走也得走就好了，那就不必如此纠结了。

现在看来，那分明是在逃避自我，潜意识里想让别人替自己做决定，出了什么问题，有了什么遗憾，也可以把怪责推给别人——“这不是我做的决定”、“我当时没得选”。

放弃自己做决定的权利，也是某种形式的自暴自弃。自己的未来，不该交给别人安排。

那么面对如此多的选择，究竟如何取舍呢？静下心来，好好想象一下，自己向往的生活场景是怎样的，电视里，小说中，生活里，哪一幕画面最让你兴奋、羡慕，希望画面里的某个人就是你自己？

脑海里一定会浮现出很多种画面，像我，除了与爱人养一只狗和出国留学，还有三五旧友围坐一桌，言笑当年，还有在昆明或者大理独自生活一段时间等。

在心里给它们排一个序，哪一种是属于尘埃落定的终极状态，哪种是奋斗中的状态，哪种是你迫不及待，就在这几年就想达到的状态。

排出这个顺序来，或者更简单点，只要排出第一位就好了：你近几年，最想达到的那种生活状态。

那就是你的方向。

然后分析一下达到这种状态需要哪几个条件，然后分别做出靠近计划。

毕业了，其实可以工作也可以不工作，可以游历四方看遍山水也可以安于一隅默默积累。只要是走在靠近自己最想要的生活状态的路上。而做出选择之后，最重要的就是专心走这条选定的路。

翻看自己实习结束之际写下的日志，历数毕业季最后两个月无数次的焦虑与纠结，从要不要放弃那份前途好待遇优但并不热爱的工作，到究竟要不要工作，到做什么工作。

经历无数次的自我剖析、自我反省，我想我已经为“下一站往哪里”这个问题找到了答案。

那就是，确定自己近几年最想达到的生活状态或者最想要的生活经历，可以马上实现的就马上去做，还需要积累的就将达成目标需要的条件一一分解出来，然后选定一条可以助益于这几个条件愈加成熟的路，换句话说，一条可以靠近自己最想要的生活状态的路。

选定之后，忘掉所谓该走的路，想走的路，别人走的路，当初舍掉的另一条路。

只记住你在走的这条路，以及那幅远远地吸引着你的理想生活画面。

毕业季，茫然的清醒

吃完散伙饭那天晚上，全班在KTV通宵，凌晨3点，有人还在声嘶力竭地唱歌，也有人醉酒之后张牙舞爪又痛哭流涕，我坐在包厢的一角，发了阵呆，脸上眼泪干了之后有点绷，毕业季，总是不太禁得住煽情。眼睛有点酸，头略晕，却一点困意都没有，甚至越来越清醒，拿了瓶啤酒，起身，走向坐在另一角的小熊。

他抬头看我，也拿起一瓶啤酒，跟我碰了碰。

“聊聊？”我说。

他似乎有点惊讶，不过还是点点头。

我们找了个空包厢，很不合时宜地，在这样一个最后狂欢夜，谈人生，谈理想。

小熊是个挺特别的人。以世俗眼光来看，他不是一个优秀的人，常挂科，四级我也不好意思问他考了几次，连最后的论文都返了工，延迟答辩。也没什么严格意义上的特长，听男生说他打游戏挺厉害，当然这也拿不上台面。

但，我就是觉得他挺特别的。

看起来跟一般的堕落大学生似乎没什么两样，嘻嘻哈哈，逃课，打游戏，挂科，但时不时发出的言论又流露出他对人生还是有很多思考和想法，看似游戏人间，实则思虑甚多。

每次上课语出惊人逗得全班哈哈大笑的一般都是他，他似乎有一种歪才，你说不出那是什么，但是跟他相处久了，就是会执着地认定他就是有才。他也有一股热心，他的眼睛总是能落到集体中的每一个人身上，班上有几个害羞内向的姑娘，他就经常聚会的时候把她们拎出来，拉她们参与进来。

我很欣赏他。只不过毕竟不是同一个圈子里的，所以一直相交不深。

我突然很想跟他聊聊。

“你毕业之后打算去干吗？”我问他，这个折磨了我整个毕业季的问题，我想听听他是怎么想的。

他说毕业之后不打算找工作，会在学校附近租个房子，到年底为止，每天泡图书馆看书，静下心来想想自己究竟想要走哪条路。

“我又不像你，一直都那么明确，路都那么清晰，我直到要毕业了才开始思考以后怎么走的问题。你是老早就开始想了吧。”

我苦笑不语。

从前我的生活的确明确，在学校除了上课，就是写作。但是现在，要毕业了，没课上了，关于写作之外的另一部分就这样空了出来。我需要找工作了。

我应该去做一份什么样的工作呢？

这个问题我已经思考很久了。试过酒店，试过导游，试过地产，结果干一行恨一行……

“我以为你这种上学期就拿到offer的人，应该没什么好操心的了。”小熊说，“貌似是个挺不错的公司啊。”

“去实习之前，我也是这么觉得的。但是……”我轻轻摇了摇头，“我自己也没想到进入职场竟会这么适应不来，实习期我度日如年，几乎可以用痛苦来形容。所以刚回学校时，最纠结的问题就是，毕业之

后还要不要回去。我也不知道究竟所谓的不喜欢是因为没用心，是在逃避，还是真的不适合。不回去吧，似乎有点落荒而逃的味道，回去吧，又怕陷入实习期那种焦虑和痛苦中。”

小熊若有所思地点点头，“的确不太好判断。那你是准备坚持还是放弃呢？”

“这大概是个不太光彩的决定吧。我想放弃。”我想起了那天在宋小君的文章看到的那句话，唯有热爱，才能让你不遗余力地付出。

“至少在当时，我没感觉出房地产有一点能跟热爱相提并论的。”我说。

“放弃一份现成的offer，其实还是挺有勇气的……”

“别急着表扬我。”我打断他，“纠结的还在后面。”

放弃一条铺好的路之后，眼前就出现晃花眼的各种路了，无数种选择，有时候比只有一种选择还揪心。

一开始还想过不工作，也来个什么间隔年，就看看书写点字。但是物质都没有保障的情况下，来谈精神的风花雪月，难免无法真正安心。所以这个想法很快就被否定了。我确定我需要一份工作，那么做什么呢？文字相关的，文案？那跟文学创作根本完全两回事；编辑？说实话，太穷了，当然最主要的还是，我根本不能保证我会喜欢这份工作，即便它与文字相关，但它本质上还是一份工作。

事实上，我已经开始怀疑工作的意义了。

我觉得工作本质上就是出卖自己的时间给老板创造价值，特别是在实习的时候，总是分外强烈地感觉到，工作上很多琐事对我个人来说是没有意义的。当然我也承认要从基层干起，要把琐碎的事做好，才能做好更有难度的，或者说换取做有挑战性的事情的机会，但即便这样，我也看不出这些琐碎的事情本身于我的成长有什么意义。我总是不自觉地

就会怀疑我投入到工作里的时间值不值得。

“我似乎没有太强烈的这种感觉。”小熊打断我。

“也许是因为你没有尝试过那种全身心投入到热爱中的感觉。那种每一分每一秒都直接投入到意义中的感觉。就像已经遇到了真爱，其他一切人都成了将就。写作对我来说就是真爱，而目前我试过的所有工作，都是将就。或许我的性格并不适合职场，我是那种比较关注自己的人，我对人其实有点冷漠，就喜欢做点自己的事，讨厌处处受人管制，也不热衷理会别人。”

“你就是那种不想被人管，也不想管别人的。”小熊来了一句。

“对耶！”我惊喜点头，竟然给我找到了这么一个精准的概括。

有时我觉得做什么都可以，反正都是出卖自己的一部分时间，换来生活所需。但是更多的时候，我还是很贪心地希望它有价值，带来钱之外的价值，给我写作之外的另一番成长。甚至最好，我很喜欢这份工作，愿意为它不计回报地投入。换句话说，第二热爱。就像韩寒找到写作之外的赛车一样，我也希望我的工作会是我的“赛车”。

我已经知道酒店管理、导游、地产策划都不是我的“赛车”，所以其实我怕，其他任何一份工作，包括做编辑，都不是。如果真的是这样，如果工作与所谓的“第二热爱”无关，如果工作就是用时间换钱，那我为什么要离开富行业，去穷行业?

“我发现你的问题都是无解。”小熊说，“似乎很茫然，但又很清醒。在很认真地考虑自己的每一个可能。想明白了的话可能一切迎刃而解，想不明白的话，大概会很痛苦吧。”

“有段时间，我几乎真以为自己想明白了。”我笑笑。“我也不知道我究竟是真想明白了，还是得了一个放诸四海而皆准的答案。”

那是一个夜深人静的时候，看到李欣频说的“人的一生，总是七年

发生一个大转折”，我问自己，我希望七年之后的自己是什么样的？

我的脑子里出现了很多画面，那些我觉得我这一生一定要经历的，不去做就会感到遗憾的画面，其中一个就是在异国他乡，彻底地，真正地独立生活。我突然觉得，或许没有什么该走的路想走的路，其实哪条都可以，只有那条在靠近自己最想要的生活的路。比如我想出国，就分析出来达到这个目的所需要的条件，比如要有钱、英语好、工作亮点等。然后去走一条能够让这些条件越来越成熟的路。

“想得挺多挺好的。不过……”小熊轻轻皱了皱眉，似乎在找合适的措辞。

“说了等于没说是不是？”我接道。

“差不多。”小熊眼睛一亮，“走哪条路都可以，这个答案似乎是一个解，但是也是一个无解。那么多选择，好像也没有选定哪一个似的。只是说可能想到这一步之后，可能会有目标有底气一点了。”

“是啊。还是一个无解。因为那个出国留学的目标所构成的三个条件，并没有构成一条确切的路。因为暂时没有哪条路可以同时满足这三个条件。只取其一其二的路，又多的是。”我叹了口气，到底再美好的远方也还是回避不了逼到眼前的现实问题。我盯着沙发上的一个破洞，陷入了沉思。

这是一个空包厢，我们没开灯，也没关门，走廊里的灯光穿门而进，暖黄色。时不时还能听到隔壁包厢门没关紧而泄露的歌声，断断续续，也不知是什么调子。还是很安静，似乎能听见秒针“嗒嗒”转动的声音。能感觉到离别一步一步地靠近，还有未来，也在一点一点地逼近。

像个临近爆炸的定时炸弹。

“那你现在是什么想法？”小熊终于打破沉默，“现在好像回到了原点。”

“我还没有做决定，但是我的想法，我都不太好意思说，很不光彩。”

“哈哈。”小熊说，“你最开始说自己要放弃世联的时候，就说这是一个不光彩的决定。”

“是吗？”我又提起另一件事，“你知道我在写一本书吧？”

“听说了。有前途啊，到底是写什么书啊？小说？”

我摇头，“无心插柳柳成荫。我也没想到写的第一本竟然不是小说，而是本励志书。说来也有意思，一个自己也搞不清前路的人，也来写这励志书，也不知道是不是误人子弟呢。”我自嘲道，“不过我想呈现的，正是这种茫然到清醒的过程，思考的过程，而不是直接给一个结论。给结论的励志书满大街都是，我不想那么随便地给人结论，教人怎么做，我也自认为没有这个资格。我希望呈现给读者的是，我是怎么茫然的，怎么纠结的，怎么思考的，最后又是怎么决定的。只是给跟我一样困惑过的人一个参考。”我顿了顿，“我不知道你是不是这样，总之我在特别茫然，对未来特别没信心的时候，就喜欢去看看别人是怎么做的，别人在我这个年纪，我这个阶段的时候，是不是也遇到了一样的困难，他们又是怎么处理的。虽然知道不可能复制，但对自己来说，也是个安慰。”

“我了解。”他说，“比如今天我们这场聊天，也是两个迷茫的人，在看看对方是怎么处理的。”

“对。”我继续说，“但是现在，这本书遇到了瓶颈。这本书最重要的部分大概就是跟当下同步的，关于对未来的选择这一部分。我现实中的决定，也会成为这本书的结尾。现在我有点恐惧的是，我似乎在一点一点推翻自己之前的结论。我怕我一旦做了这个决定，在那么多双雪亮的眼睛面前，我根本无法自圆其说。”

“到底是什么决定？”

如果说我是决定干脆不工作，潜心写作，为热爱全力以赴，虽然物质贫乏但精神富足，说起来也挺励志的是不是？

但是我却无法忽视自己的欲望，我想要很多东西，我并不能忍受穷困潦倒的生活，我会因为穷而没有自信。而文字相关的工作，也因其薪资水平出人意料地低，及我对工作这件事本质的怀疑而搁浅。

当然还有更广泛的选择，比如北上广的各种‘漂’，这种想法在我大一的时候就特别特别强烈，觉得自己一定要去繁华的大都市闯荡一番，去奋斗。一想想就热血沸腾，但是四年了，这种热血却慢慢地凉了下来。

一方面是因为兼职做导游，去了很多地方之后，有点儿繁华已阅的感觉，见识多了，已经完全不是大一时那个一想到即将要去北京就兴奋得几天睡不着的小女生了；另一方面，我开始怀疑那种盲目的闯荡是否有意义，那种未必很清醒的煎熬般的奋斗，到底是为了什么呢？当然还一个很重要的原因，网上这么妖魔化北上广的生存环境，我也确实不敢贸然去了，毕竟并没有一个明确的目标指引我，又不是说自己特别想去的哪个行业在那座城市发展得最好，所以要去。我根本没有特别想去的行业，反正在这里也是茫然，到那里也是茫然，我干吗要去一个生存压力更大的环境里茫然？

小熊看着我的眼睛，没有说话。

“好吧，我是有一点畏缩，面对毕业找工作，面对茫茫未知，我是不敢。”我终于承认，我就是怕，“其实我佩服那些北漂南漂的人，他们都有一腔孤勇，而我已经在过多的思虑中，失掉了这份盲目的勇气。我的条件并不优秀，我怕即便去到大城市，得到的也不过如此，还不如我现在就可以拿到的。甚至还因生存压力而活得不光鲜，不漂亮。”

“所以呢？”他似乎感觉到我已经铺垫得够多了，直接问道。

“所以，我那不光彩的想法就萌生了。我想吃回头草了……”

看到世联实习群里面在讨论什么时候入职的时候，我就动摇了，我在想，要不，还是回去算了？

毕竟我对这份工作始终有遗憾，实习期始终是一种心猿意马的状态。还没有用心，就说要放弃，我到底心有不甘。

这段时间，我一直在不断地纠结，做决定，给自己很多支持这个决定的理由，但是又很快推翻曾经下过的结论，推翻也有很多理由，要是换了从前，我肯定无所谓，推翻就推翻了呗，我本来就是一个摇摆不定的人。

但是现在，我要记录这个过程，我知道它要被读者看到，被很多双眼睛监督着，我无法含含糊糊，说我突然这么想了，就选择了去干这个，然后交了稿实际上又去干了那个，好像某种不诚实。

所以我一定要想通，我究竟要做什么？要如何选择？要如何让自己信服？让那么多双眼睛信服？

“所以我的书也陷入瓶颈了，我前文还在说放弃真好，我找到真正的答案了，但现在又在推翻自己的结论，我不能自圆其说，我解释不清到底是因为不甘心而回去，还是因为那条路已经铺好了比较省事而回去。或者两者兼有。我还没有做决定，我还不敢做决定。但是这个不光彩的想法已经冒出来了，我没有办法忽视它。”我叹了口气，“你说我该怎么办？”

“我不知道。”小熊摇头，“我只是想提醒一下，这也并不是什么不光彩的决定。甚至应该是个挺明智的决定。比起也许会更坏的未来，还不如把握这个好平台，反正现在你对工作的看法都一样，都是将就，那还不如找个好单位将就，有前途，又有钱途。”

“也许是因为我很肯定地放弃过它，所以现在我觉得如果真的回去的话很可耻。我没有办法自圆其说。”

“可能吧。但是，你心里就是这么想的不是吗？如果你没有在写书的话，是不是心里这么想，就这么做了呢？写书本来应该只是客观记录的工具，现在却左右了你的想法，这也不太应该吧。应该是你怎么想的，你就怎么写。而不是你觉得一个怎样的结论比较通顺就怎么写，然后为了保持诚实，让自己的决定跟你写的保持一致。这才是不诚实呢。”

“嗯。”知道他是在安慰我，不过我很受用，“其实现在想法也还只是想法而已，还没有强烈到做决定的程度呢。我还要再想想。”

他笑着点点头，说，“其实你已经很好了。至少你已经找到热爱了。虽然对工作也茫然，但至少你有一部分是很清醒很明确的。而我……你听到那些一个60几岁的老人开始学画然后努力之后画得很好之类的故事……你听到这种故事第一反应是什么？”

“幸运吧。毕竟有那么多人，终其一生都没有找到自己的热爱。而他找到了，哪怕是在晚年。”

“我第一反应是怕。”他看着我认真地说，“我真的怕，我怕自己跟这个老人一样，到这么晚才找到自己的热爱，那样似乎太迟了点。”

“可以理解。”我点头。但是我曾看过这样一段话，大意是这样的，她活了二十多年从来没有找到自己真正热爱的东西，但是她一直在努力避开自己不想要的东西，所以这些年她活得还算丰实。

我说，或许就是这样，有的人很幸运，在很小的时候就明确知道自己要什么，然后很早就开始准备，开始行动了。但是也有的人终其一生都没有找到。或许你找到它之前，需要尝试许多次错误的选择，但其实每一次经历都会将你推得离它更近一点。发现自己想要的或许很难，但是发现不想要的还不容易吗？避开不想要的，不就是在向想要的靠近吗？或许你到最后都不知道想要的那个具体的东西是什么，但是你这一生不会活得太差，因为你一直在努力靠近它。

“我现在就像在一个广场上，这个广场连着许多条路，而我分辨不出好坏，所以我要徘徊一下，在这个广场上逗留一下，看看那些路，再做决定。”他说，“所以我还不想找工作，哪怕毕业了该找工作了，我也想先停下来，静下心来好好想一下。我觉得脑子稀里糊涂地去找个工作，很容易走错。万一我以为我喜欢这个，结果走着走着，却发现自己更喜欢另一个呢。那岂不是浪费了时间。”

“可是，我觉得，走错路也好过原地徘徊。”我说。

已经凌晨4点了，我的思维却愈发清晰起来。

走错路也没关系，因为所有的经历都不会白白经历，一条错误的路也能告诉你自己不想要的东西是什么，也能让你更加清楚地认识自己。

就像我自己，试过酒店服务业之后，就知道自己是如此讨厌被从头到脚地严格规定，如此讨厌整齐划一，磨灭个性，那么我就不会再选择类似的装束言行要被死死规定的工作了。

试过当导游之后，我就知道自己并不喜欢像个保姆一样打理别人的食住行游，这些生活杂事我理都不想理，我也就知道了自己以后肯定不适合做行政，同时也认识到，自己其实是个挺自我的人，我没什么耐心去了解别人的情绪，更不想为别人的情绪负责，比如一旦有客人抱怨我就觉得很不爽，我会觉得这不关我事，又不是我能决定的。

后来试水房地产，我发现自己真的无法忍受做那些看不到意义的琐事，于我而言工作最重要的是价值感、意义感，如果我要继续工作，就必须在工作之中努力寻找到这种感觉。我发现要用心，要努力，要认真，自己才会最好受，否则其实痛苦的还是自己。

去应聘了一次编剧，刚好看了一次拍片之前的策划会，看着一个

片子拍出来也要有诸如联系场地，准备服装道具等琐碎又重要的工作，我就突然意识到自己其实是不太接地气的，是比起经纪人更愿意做演员的，比起为他人服务，我是更关注于自我提升、自我展示的。

每一次经历，或许没有找到自己最想要的，但是一直在排除自己不想要的，并且在这个过程中，你将自己看得越来越清楚。其实这样就足够了，至少是在慢慢朝想要的靠近吧。而站在原地的时候，是无法有这些认识的。站在原地，总是茫然又痛苦的，你会总是想下一条路往哪里走，而面对诸多选择你会一直焦虑下去。

想起自己大三那年的暑假，本来每一年暑假我都是要出去实习的，比如大一暑假就去北京一家酒店实习，大二暑假就做了全陪导游，做完一个就排除一个，于是到大三就把我旅游专业的两个方向排除了，所以到大三我就不知道该去做什么了，索性回了家想想以后究竟走哪一条路。本以为暑假结束之际能给自己一个答案，谁知道只有精神上的些许安慰和实际上的依旧茫然。

原来路不是想出来的，是走出来的。

“走一走，必有所得。”

说完之后，我自己也感觉轻松了许多，就算职场这条路我选错了又怎样，就算以后我又要辞职又要转行又如何，我也从这条路里面得到了很多东西。走出这条路时的自己，跟刚进来的自己，是不一样的，是必有所得的。

我们还想说点什么，突然面条从门口探出头来，一脸欲言又止的样子，“你到底要干吗？”小熊说。

“我不是故意要打扰你们的。”面条一脸小媳妇样，“那个小红醉了一直哭，在找小熊，要陪她唱歌。”

“走吧。”我说，“出去吧。”

那时已是凌晨4点。

我和小熊似乎还没聊完，但又似乎已经没什么可说的了。

进入我们班的包厢，里面小红已经站到了沙发上，头发都散了，眼睛通红，满脸泪痕，却好像笑着，看见小熊进来，急急忙忙招手，让陪她唱歌，唱《我们是一家人》。

聊了太久，我也愈发疲倦起来，躺在沙发上，听着那不着调的歌声，轻轻闭上了眼睛。开心又伤心，毕业季的心情，还真是复杂到难以形容。

阿P叫醒我，说，走吧，回去吧。

起来，大家都准备回去了，喝醉的几个人扶着，大都是一脸倦容，果然通宵并不好受。

出了KTV，天已微亮，6月的清晨竟然这么冷，穿着短袖的我不禁缩起了身子。我跟阿P走在前面，空旷的马路，偶尔有一两辆车经过，还开着车灯。后面同学吵吵嚷嚷的声音似乎越来越遥远了。清晨远方的树木和建筑物，都有些发白。

“这样就散了啊。”我说。

吃了散伙饭，结束了最后一晚的狂欢，就这么散了。折磨了自己几个月的论文也终于弄完了，紧张兮兮的答辩也终于通过了，烦琐的离校手续也终于全都处理完了，大大小小的饭局聚会也终于聚完了。

这场恣意又沉醉、灿烂又空虚的青春，也终于散场了。

通宵不睡，头有点晕，脚步有些虚浮，仿佛走在云端。走在空旷的马路上，那仿佛蒙着雾气的远方，仿佛和我的未来一样茫然。

毕业了。

唯一不变的，是保持清醒

散伙饭狂欢夜之后，大家心里都清楚，在学校的一切事务都已经完了，已经可以走了。

可是走去哪儿呢？至少我是没有一个明确答案的。只好问问我的室友，看他们都去哪儿。

“广州。”猛物说，“我姐在那儿，我先过去，等脸盆毕业设计做完了，就跟过来。”

“啧啧，甜蜜。你呢？”

“长沙吧。”米苏说，“离家近点。”

“哎哟，小黑也会一起吧。”我打趣，转向阿P，“可怜我们两个单身哟，可怎么办才好。你要回世联吗？”

“不知道啊。”她也相当纠结，“其实世联也挺好的……哎。你呢？回不回去啊？”

“我不知道啊。虽然说本来是已经放弃的，但是……你看。”我指那外面热辣辣的太阳，说，“你说这种天出去找工作是不是也挺惨的？”

“那就回去呗。”

我还是摇头。“我还没想好。7月1号才去报到呢。这几天在网上看看，看有什么好工作没有。我其实还是不太愿意回去。”

突然我手机响了，是长沙来的一个座机号码，“天啊，怎么办，好像是世联人力资源部的号码。”我的心狂跳起来，是来逼我做决定的吗？我要怎么办呢？我要接受还是拒绝呢？

“先接。先不要说你不干了。”阿P提醒我，“先听她怎么说。”

挂断电话，她们异口同声：“怎么样？”

我说了句：“世联你赢了。”

人事经理告诉我，毕业之后安排我做的项目就在这个母校所在的城市，不用担心住宿问题，因为异地项目包住，而我这次跟的主策，是实习期间就有所接触的泽，是高我两届的学长，我对他印象特别好，喜欢笑，笑起来眼睛弯成月牙儿一般的弧度。

天平一下子倾斜过来。我决定，留在这里了。

“早该这样了。”她们一致通过，“你看多好啊，留在这里还包住，工作稳定，收入可以，公司又好，还有帅哥上司，不知道你纠结个什么劲。”

哎，好像也是啊。算了算了，不纠结了，就回世联吧。一想到留在这里，还跟着泽混，就挺开心的。看看外面毒辣辣的太阳，我想，还是走这条已经铺好的路吧。

决定之后，未来一下子就有了着落，我顿时也踏实下来。

对于这个决定，说有多心甘情愿，多满心欢喜，那也是假的。但是纠结太久脑子已经想伤了的我，也不愿深究了。就这样吧。

原定是7月报道，还有十天，本想离校之后回家好好休息一下，再想清楚一点。谁知道到家第二天就接到公司电话，开发商要求第二天策划线必须全部到岗。我挂断电话之后很焦虑，我的书稿还没写完，我的脑袋还不清晰，我还没有完全想好，我就要这么匆忙地上班了吗？

第二天早上6点多的车，一路上我盯着窗外飞快退后的景物发呆。到公司楼下的时候还不到8点，我背着三个大包小包，站在楼下，看着这栋高楼，完全不想进去。

我觉得我还没有准备好，好想立刻逃跑。

但我还是进去了。

等了一个上午，才办完入职，下午就要赶回项目报到。一起的还有另一个策划。主策泽过来接我们，带我们去见过开发商，然后再去住处。泽依旧总笑着，很和善的样子，而我一路兴致都不高。

公司租的房子，还没住进来人，我到的时候电工还在装电，看着空荡荡的一切，有种无处着手的感觉。泽送我们过来之后就走了，我们要在这边随时待命，因为开发商可能会叫开会。

我坐在这里发呆，到一个新地方居住下来，其实还有很多事情需要做，但是我却完全不想动。

我还是很茫然，面对空荡荡的房子，床铺，缺席的一切生活用具，面对生活这张陌生冷硬的脸，马上就要扑面而来的工作，面对手里还没完成的写作任务，面对根本没有准备好就来了的新开始，我的情绪跌到了谷底。

我不知道自己是不是做错了决定，是不是不该回来，是不是应该去寻一份或许更热爱的工作。

这时接到了大师兄的电话，问我近况。

这个电话真的来得太及时了。

我说怎么办，我觉得我回来的目的并不那么纯粹，不是因为自己想要回来，只是因为这里薪资不错，衣食无忧，而且老大人好，跟他混日子不会很艰难。我说我好烦，好焦虑，不知道自己的决定是否正确，不知道自己能撑多久。

大师兄恨铁不成钢地说了我一通，他说，你这文艺小青年就是想太多。总想着写那什么小说，那根本就不现实，不能当饭吃的，人还是要先填饱自己的肚子。再说你要写小说，你下了班回来洗个澡，也就九点多，要写也能写两个小时啊，有什么担心的？

“你到底在担心什么？”大师兄问我，“你说说，你那脑子里到底想些什么？一样一样说给我听听。”

“我没有准备好。我在写本书，我打算最后几天在家里写完再来的，结果这么匆忙就过来了。我书也没写完，想也没想清楚。第二个，我怕，我觉得工作对我来说是一件很难的事，我怕我会像实习期一样，搞得自己很糟糕，我也怕工作做不好让人失望。”我一口气说完。

“好，一样一样来。你写书，就剩下结尾了对吗？那你每天抽两个小时出来写的话，写得完吗？写得完吧，所以你干吗一定纠结这个呢？谁逼着你一定要明天写出来吗？”

好像也是，每天都写两小时，稳定地持续的话，写作上基本是没有问题的。

“第二点，工作。你这才刚开始，谁不是什么都不懂来的啊，你们那儿两个辅策，你还实习了两个月的，他还没干过的，你比他知道的多多了，他有你这么担心吗？不会反正有人教啊，你不是说你主策很好吗？你不会问他啊！而且你刚过去，不会给你交代什么大任务，一开始一定是熟悉环境，让你慢慢着手工作。开发商那边有你主策顶着，你只要跟着他混就好了，既然他人又像你说的那么好的话，那你有什么可担心的呢？”

一席话噎得我一句话都说不出来，却也把我的疑虑打消了大半。

“你就是身在福中不知福。你在的城市消费水平比长沙低了不少吧，公司还包住的，还分你一个这么好的项目，等你做完这个项目回来

肯定身价倍增啊。再说你们那边配了那么多策划，现在又还没开盘，分到你身上的事能多到哪儿去啊。真不知道你在担心什么。”大师兄乘胜追击。被他这么一说，好像一切都有了着落似的，似乎我现在发展条件已经是特别特别好了，我也不能太不争气了吧。

“哎呀真的，大师兄，你为什么总是这么正能量满满啊，你为什么总像是强大到无懈可击一样啊？”

“我不像你们这些文艺小青年想东想西，我头脑简单，反正我也是学这个专业的，就做这个行业了，别的我不想干也不会干，反正就用心做事，用心学。再说了，要是我也跟你一样这么多问题烦恼，那我俩打电话岂不是要一起哭了。”

我笑，有时真的觉得自己想得太多，太复杂。

想想自己实习期遇到的问题，什么意义感，什么构建自己的生活体系，不要让生活被工作轻易绑架，那些问题都已经想到了对策，但是还没有真正实践，那不都是说说而已了。

所以，还是要再回来一次，再试一次，这一次要带着上一次的经验教训，要用心投入，要在琐碎之中寻找到价值感和意义感，要构建自己强大的生活体系，不轻易被工作压垮。这些我都还需要实践，需要重新回到这份工作，在已经被割去八小时还多的生活中，重新找回那种平衡。

这段时间，思想上确实很艰难。我在不断地做出结论，然后否定它，然后做出新结论。

我说，在不晓得怎么走的时候，坚持也许就是最好的选择；后来我又说，失败了就放弃，总有你到不了的地方；后来我说，选择哪条路都可以，只要你是在靠近你最想要的生活；而最后，我的选择竟然回到那个已经放弃了的选项，想看看坚持下来，是否能看到意义。

决定要放弃这份工作时我很痛苦，我觉得这真不是个光彩的决定，放弃怎么着还是有点儿落荒而逃的意思吧，但我当时就是那么想的。放弃简直令我精神愉悦。那就放弃吧，但是我偏偏又做了个更不光彩的决定——出尔反尔，回来继续这份已经放弃的工作。

临近毕业，我发现自己并无太大动力找另一份工作时，这个念头就越来越强烈——要不干脆回去算了？

我不太敢做这个出尔反尔的决定。但是我无法忽视它的存在，它甚至越来越强烈。直到世联那边告诉我新安排是让我留在这座母校所在的城市，并跟一个我很喜欢的主策。

其实我还有点忐忑，面对那么多双雪亮的眼睛，我该怎么自圆其说呢？我到底该怎样给这一章画上句号呢？

再到后来，没什么自圆其说的想法了，我写这么多从来就不是写坚持或放弃的意义，我是在写这个选择的心理过程。我从来肯定自己在这个过程里做过的一切结论，因为它们都是在我清醒的状态下做出的。

我的想法总是不断地在变动，但唯一不变的，是我一直在努力保持清醒。

清醒地洞悉自己的动机，明白自己为什么要这样做，要付出什么，换取什么。还没入职场时，就看了许多关于职场的文章，里面教我们要怎样积极用心，从基层做起，不抱怨，保持自我提高……也打从心底同意这些说法，也理所应当地觉得自己进入职场之后，一定会如文章所教的那样，积极上进。

谁知道真正进入之后，才发现知道和做到完全是两回事。比如明知道自己应该努力成长，但有时又有种无处着手的感觉；比如明知道要从基层做起，但就是觉得做的这些琐事没意义；比如明知道应该要充满激情，积极上进，但就是情绪低落，厌倦不已，充满了负面情绪；比如

明知道要做事就要坚持下来，不要像职场里的反面教材，待个半年就跳槽，最后什么经验都没积累到，可是轮到自己，别说半年，连实习两个月都成了煎熬；明明说好要先走该走的路，再走想走的路，但是真正在那条充满约束和压力的路上走过之后，又开始三心二意，设想自己在另一条路上的快活场景。

这一切都令我初试职场的那两个月陷在负面情绪的漩涡之中，无法自拔。

我不明白自己为什么这么不开心，为什么好像别人工作都好好的，就我在发神经。我开始分析自己每一个负面情绪产生的原因，分析自己究竟在担忧什么，在焦虑什么，到底哪里出了问题。

我找到了那些焦虑的原因，但还未实践，就动了放弃的心思。在这里跌倒了还没有爬起，似乎总有那么点不甘心。

当然还有毕业季面对茫然未知的恐惧。与其踏入空茫未知，不如留下在这个稳妥的看得到光明前途的平台。

所以，我回来了。我想要买东西的时候能毫无心理负担地出手，我想给优越生活的继续一个坚实的保障，我更想实践一下，关于重构自己的生活体系，关于平衡工作、梦想、生活，关于从琐碎中发现意义，关于认真、努力、坚持下来，所能看到的东西。

一切又回到了大三暑假看完《打工仔的梦想房》之后做出的结论——认真走一走这条或许你未必心甘情愿想走的路，或许会发现新的意义。

兜了一圈，回到这个结论。这一次不再是出于对未来的幻想或臆测做出的结论，而是亲身经历之后对于当下的选择，对于自己在走的这条路做的一种肯定，肯定坚持的意义。

我不能说之前要放弃的结论是错误的，甚至我觉得假如我放弃之

后，去做别的譬如文字相关的工作，从一个小公司慢慢做，慢慢积累经验，反正越往后面总会越好的。甚至如果换个走向，我鼓吹起热爱至上，干脆不工作，去为热爱全力以赴，物质贫乏但精神富有，这样或许也倍有底气。

但是我偏偏是一个不能不考虑现实的人。现实就是我的热爱，撑不起我的生活所需，就是做与文字相关的工作我也不一定会喜欢，因它太清贫了。所以我做了个最庸俗的决定，留在大平台，留在热门行业；做了个最老套的结论，坚持。

经历过这一段百般纠结的过程之后，我发现，真的没有人能教别人怎么做，因为似乎每一种选择都有它的道理。不论放弃或坚持，其实每个人都能为自己的决定找到最充足的理由，这些理由全都正确，全都支持。放弃或许会令你松懈下来，帮你展开一条全新的路，进入新的世界；坚持也能磨练你，也能让你在不适中得到更多成长，坚持下去或许还能遇见更好的自己。

记得之前看到这么一句话，世界上最可怕的就是错误的坚持，和轻易的放弃。

乍一看似乎很有道理，但是一个好友评论说，问题是你怎么知道你坚持的是正确还是错误呢?

唉，也是啊。这分明就是说了等于没说嘛。还不是马后炮，这人成功了就说他靠超人的毅力、坚持得到成功，没成功就归因于错误的坚持，走错了方向。

还有很多教人该怎么做的，都是说了等于没说。因为每一条路都有人走出头，这里也好，那里也好。

到底选哪个?

我无法给出答案。尽管我已经做出了选择。因为每个人都不一样，

谁的选择都不能完全复制。

我只能从我复杂多变的想法中提出一点不变的东西做为建议，那就是始终努力保持清醒。

放弃，分析清楚自己到底是为什么要放弃，放弃之后可以收获什么，为了这个东西你要付出什么代价，你愿意付出这个代价吗？坚持，同样这样思考。

坚持，清醒地坚持，而不是麻木地由惯性推着往前走；放弃，清醒地放弃，而不是混沌地逃避。

做出决定之后，就安下心来，就不再想七想八，就认真生活，就集中精力，就全力以赴。

这大概，就是我能提出的唯一一点建议。

与生活有关的一切

当初跟编辑商量主题时，这本书定位的是青春、成长。但是写下来，我觉得这本书倒更像是与生活有关的一切，对生活的思考，对生活的理解，以及生活教会的成长。

所以在最后，我想来谈谈我对生活的理解。

我的生活濒临崩溃大概有两次。一次因为太过急功近利的梦想，一次因为不够安心的工作。

第一次是在大二暑假前夕，一年半以来对梦想越来越激进，以至于生活中可以不需要朋友不需要任何人理解不需要陪伴，不要娱乐不要聊天不要打扮，只要梦想，梦想就是我最具意志力的信念，它足以支撑起我全部的生活。但事实是，只靠它支撑起的生活，似乎有些单调，有些不对。在完美的积极上进、为梦想全力以赴的外表之下，生活分明生出了裂缝，细细看一下自己，生活中的情绪是焦虑还是平静？是否还存着一份生活的心情？

直到后来意识到这样不对，经历一段痛苦的颠覆之后，我终于知道，梦想这事，远不如过好自己的人生。

想通之后，我越来越平静，越来越把写作当做生活的一部分，我只把生活的部分时间分配给它，我的思想不再24小时被它占满，而其他的时间，我会运动，会去逛街，走路不再行色匆匆，有时也愿意等等别人

一起走，偶尔也要跟一众室友看个泡沫剧。

那时生活的心情总是平静喜悦，每天早起，做个橙花水膜，然后去吃早餐，顺便用手机刷下豆瓣，然后带着笔记本去图书馆，码字或者看书。下午回来上网和睡觉，晚饭过后散散步，然后又进图书馆。回来跳郑多燕出身汗，然后洗澡，跟朋友聊聊天，睡觉。

每一天都能触摸到生活的存在，都确切地知道，自己是在生活。

当然后来回想起来，做到这一步也并非难事，因为毕竟还在校园，柴米油盐不用管，生活上没有特别的难处，除了期末才有一次的考试，也没什么其他压力。

直到后来，试水职场的那两个月，工作以一种强势的姿态进驻之后，我突然发现我的生活体系其实脆弱不堪，原来完好运转的体系都只是在轻松悠闲的校园环境中完成的，当这个环境一改变，变成事事都要自己打理的现实社会，变成更多义务与责任的职场，我就完全手足无措了起来。

我的生活被工作所绑架，对于工作，我害怕自己做不好，害怕让别人失望，痛恨自己能力差那么远，可是我又憎恨它，吃掉了我那么多时间，还要做那么多没意义的琐事。生活的情绪几乎全部被工作所左右。而这工作带来的又总是焦虑，总是恐惧。梦想还在雪上加霜地叫嚣着，你为什么不来为我努力了？你的梦想就是摆看的吗？在这时梦想几乎成了一个累赘，它每天都在说你为了那破工作浪费了好多本可以为梦想努力的时间。有时我甚至想，倘若我没有梦想，就和芸芸众生一样，做一份普通工作，业余时间就娱乐放松一下，会不会活得轻松许多？

我觉得生活不该是这个样子的。生活应该有那样一份心情，出门时能有一份愿意花上很长时间，挑一身好看衣服的心情，愿意闭上眼睛舒服做个面膜的心情，愿意出去运动出身汗的心情，愿意无所事事平静放空的心情，一种享受时光、享受生活的心情。

而我没有了那种生活的心情。

我每天都在为工作烦心，每天晚上回来都要盯着天花板脑子里一片空白，每天早上都要跟自己说很多加油鼓劲的话。

实习期两个月，就像我大二那年一样，生活成了黑白色。或者说比上一次还要严重，因为原先我毕竟是在朝梦想努力，我毕竟还是在做喜欢的事情，毕竟我是心甘情愿地被梦想俘虏，而这一次，我对工作并没有那份热爱，我只是被动地让它给绑架了。

意识到自己的状态严重不对，看着自己每天都那么焦虑，心情那么沉郁，我开始思考我生活的问题。诚如当年撑住我生活只有梦想一样，如今支撑我生活的，只有一个工作。

我发现支撑生活的柱子，只有这么孤零零的一项是很危险的，我们还需要别的柱子，比如说梦想，更比如说爱情，亲情，友情。

虽然我一直鼓吹独立、自我，但尤其经历了这一次实习期生活的崩溃之后，我确实感觉到了来自自我之外的，他人能给予的力量也是巨大的。

有时我们真的需要它们给我们能量和支撑。

它们就是指亲情，爱情，友情。

亲情，它是与你血脉相溶的东西，每次我遇到什么挫折，每次觉得累，最想去的地方就是家，一回到家就可以全身心地放松下来，只要靠在妈妈身上哪怕都不说话，就觉得什么都不用怕。所以我总是特别羡慕那些在家所在的城市工作的孩子，他们累了，夜深回到家还有一盏温柔的灯等着他。实习那会儿，我就想，要是妈妈在我身边的话，什么工作上的破事都撼动不了我，我就不会那么轻易地被工作打败了。

爱情，爱情真是个奇妙的存在，它带给人太多妙不可言的感觉，最最重要的是，它是真正意义上的，让你不再孤单的东西。在你的人生路上，终于有了一个他，站在你身边，牵住你的手。郭采洁有首歌唱道："在情人怀里放松和懒惰，才能在现实世界继续奔波。"虽然这个条件复句未必真的成立，但它的确表现了爱情能够给人的力量。

友情，它是一个个的独立个体在某一段路上的交汇。我总认为，在友情里不可太依赖对方，因为各有各的路要走，但若是恰巧，他与你可以同走一段，那何必拒绝呢？即便是走在不同的路上，叫他一声，告诉他你的处境，让他远远地看看你，安慰你，甚至指点你，也都好过一个人手足无措吧。

从前，我总认为依靠他人才能获得的力量总是可遇不可求，也就很自然地觉得靠自己才是王道，把对别人的那点期望收回来，好好让自己变得越来越强大，以抵御生活的各种艰难才比较靠谱。

在校园的时候，我的这种想法还没显露出什么弊端，我也觉得自己过得很不错，不需要任何人，单靠自己就可以活得很好。但经历那两个月实习，我才发现，原来我的生活体系如此脆弱，它只是在校园那种无压力环境下运转良好而已，到了高压的现实之中，它如此不堪一击。也就是在这时，我才承认了自我之外的其他力量的重要性。

离校前跟闺密的一次聊天，更让我确信了这一点。

那时我已做了不太坚定的回世联的决定，但是对未来仍然充满恐惧和不安，我怕自己又会回到实习期的那种状态，我怕我握不住工作也握不住梦想。我喋喋不休地说着这些东西，而她聊朋友，聊爱情，聊对未来的期待。几次把话题绕开，回到我这里，我又成了工作怎样，梦想怎样。

闺密终于说："你看你咯，难怪老是这么焦虑，一谈就是工作啊，

梦想啊，就没见你谈过别的，老是担心这些怎么会开心呢？聊聊别的不好吗，比如说爱情。”

闺密一句不耐烦的抱怨，却猛地点醒了我，我发现自己真的，大学到现在一直以来，关注的最多的就是自我提高和成长类的东西，对于身边的人，总是一种淡漠的态度。尽管实习时已经意识到了他人的重要性，但是本质上，我还是没有改过来，我关注的还是自我，我担心的还是自我，我总是忽略掉身边的人，忽略掉他们也能给我巨大的支持与力量。

直到这一刻，我才真正意识到，我要把用于自我提高，也就是关注梦想，关注工作的时间分出部分来关注他人，与他人建立更紧密的联系，他们都是支撑起生活的坚实柱子，让生活体系更加地牢固，不再轻易因为环境的改变而崩溃。

再后来，就真的毕业了，同学们陆续离开，每送走一个就要哭一场，我也不明白自己为什么这么难过，毕竟很长一段时间我都认为自己是没有眼泪的人。我想，我不仅是哭与同学之间的离别，也是在哭我自己，与这段最自由任性，最丰实美好的时光告别。

然后就是回家，第二天就被通知要提前入职，第三天早上6点半就搭车去长沙公司，下午去项目见开发商，一切都那么匆忙，我还没来得及好好回味一下毕业，品读一下离别，思考清楚未来，就又赶上了架，回到了这个之前令我几乎崩溃的职场。

经过两个月的暂停，纠结，思考，终于还是选择回来，并且这一次再无学生、实习生这些词语打掩护，我已是一个再无学校做退路的社会青年了。带着“从琐碎中寻找意义感”、“重新建构自己的生活体系”、“选定之后就安心走自己的路”等这样的想法，我再一次回到职场生活。

人终究是会进步的，这一次回来，我不再那样焦虑不堪，一天都熬不下去，反而呈现出一种平和的状态，感觉跟大二崩溃又调整回来一样，不过没有那么悠闲罢了，是一种充实的平静。

早上6点起来，写字到7点半，然后洗漱之后出去吃早餐，顺便刷几分钟豆瓣，8点半上班，工作的时候时间过得总是特别快，好像一下子一天就过完了，有时会加班，但现在对加班也没那么抗拒了，反正跟着主策一起偶尔开个玩笑，下班回来路上同路一段还能吐个槽讲个八卦，也挺开心的。然后回来就吃饭洗澡之后大概也8点半之后了，如果工作上还有问题需要了解就看资料，没有的话就码字。间或跟室友聊聊天，心情不错的时候跟朋友家人打电话聊聊近况。

总之除了早上中断写字起身去上班有点不爽之外，其余一整天都还是很充实的。工作好像也没有那么可怕了，不过就是按部就班，做好主策交代的事，另外自己多用点心，额外总结点东西，有一点自己的成长，一天天积累下来，也会越来越好的吧。甚至上班之后，感觉时间安排比从前在学校里面也紧凑多了，生活也更加规律有序。

慢慢还在计划给自己的生活增加新的项目，比如储蓄，运动，保养，一项一项地都安排起来。让这个生活体系越来越完整，越来越丰富，越来越强大。

已经不再去想别的路了，不去看谁又去旅行，谁去走间隔年，亦不羡慕亦不关心，就安心走这条选定的路，生活在此处，看此处的风景。在走这条路的过程中，得到在这里独有的成长与收获。

实习期想到的对策都在亲身实践中，现在的我状态不错，努力平衡着工作与生活，白天集中精力工作，闲时也能看书写字，维持自我精神世界的运转，有空跟家人电话，上网在班级群里聊天。

心情未必很热烈，但也不焦虑，总归平静就是最好的状态。

我能够感知到生活的存在，并且我有预感，这种感知会越来越强烈。

我想，我又重新找回了生活。

我不知道当下一次环境发生剧烈改变时，我的生活会不会再崩溃一次，现在我也不是很敢保证它的牢固度，但即便它下一次还是崩溃，我也不怕。

只要我能够审视自己的生活，观察自己的心情究竟是焦虑还是平静，是清醒还是麻木，只要我永远保持这样清醒的眼光，我就能够发现问题的所在，就能够想办法解决，就能去实践，去重建。重建一个更牢固的生活体系。这个体系，不仅有自我相关的一切，比如说梦想，工作等，还应该有亲情、爱情、友情这些来自他人的力量，给自己的生活多添几个支撑的柱子，这样你才不会轻易被任何一项颠覆生活。

这就是我所理解的，有关生活的一切。

后记：世界不会永远停在冬天，你也不会一直站在低谷

大概是去年的这个时候，我收到徐徐的豆油，自称出版社编辑，看了我在“每月养成一个好习惯”小组的帖子《那些寂寞的时光，用来构建强大的内心》，很喜欢我的字，想跟我约一部书稿，主题大概是青春、成长。

我怎么都没想到，我出的第一本书竟然是不是小说。刚开始玩豆瓣时，是抱着到一个没人认识的地方，有什么说什么的。在“好习惯”小组开帖，也纯粹是找个地方记录下自己的成长轨迹，平时开心了，抑郁了，有什么感悟了，都喜欢往帖子里写，不知不自觉也已经写了快三年了。有人说我好厉害，竟然坚持这么久。事实上对我来说，这不是坚持，只是习惯。

这个帖子被很多人推荐和喜欢，没想到它还引起了出版社编辑的注意，甚至令我获得第一部出版约稿。

接受约稿时，我在想，这本书应该会是我毕业季最好的句号。

实习完毕返校，几乎整个毕业季我都泡在图书馆里写这部稿。我发现原来要写一些系统性自剖的东西，真的不比写一部构思精巧的小说容易。它太真实了，以至于成稿时，都没有勇气拿给朋友看。

它真实地记录着我自己在人生最重要的，思想从混沌到清醒，价值

观建立的这四年里，每一次重大的思想变化，每一次蜕变和成长。往大里说，是关于骄傲，关于独立，关于梦想，关于生活，关于选择；往小里看，还是挺接地气的，比如跟朋友家人吵架了要不要主动和好呢？被孤立时到底是去巴着别人还是干脆隔开所有人呢？一个人吃饭是不是挺不好意思的呢？从什么时候开始你觉得人生是有意义的呢？做什么令你觉得生活不再无聊呢？毕业了哪条路才是最好的选择呢？

写完最后一章交稿的时候，我刚好毕业。

毕业工作，失去了最多的东西是自由。再也没办法随心所欲泡图书馆，大量看书写稿。我永远都在加班。我当时很焦虑，我甚至寄希望于快点出书，最好能大卖，能一炮而红，或许我就不用工作了，可以专职写稿。

但事实证明，梦想永远不是雪中送炭的东西。

2013年可以说是我最失败的一年。我实习，毕业，工作。我全年没有写过一篇稿，我的稿费卡里数字慢慢耗成了0，好像它们从来就是0似的。我在工作中找不到任何成就感，我感觉自己的时间投入各种琐碎之中，除了每月那笔勉强的薪水之外，没有任何其他的意义。我不断被工作挤占更多的时间，写作不断被打断或者破坏，到后面几乎句不成章，仿佛失去了写作的能力。我觉得自己泯然众人，跟所有庸碌众生一样，再无独特之处。

这一年，我21岁，我想这是我的低潮年。

甚至中间有一次想撤稿。

因为我觉得自己很失败，我的生活一塌糊涂，我工作极不开心，我分分钟想辞职，我觉得自己一事无成，我凭什么出本书告诉别人要怎样？

你太实诚了。徐徐说。她希望我再考虑一下，不可太过自我否定。

当然，我其实很不舍，毕竟是满怀了期望创作的东西，当然希望能看到变成铅字，被很多人看到。直到后来慢慢摆正工作上的心态，心情也渐渐好起来，我才开始理智地评估自己：这本书里面都是很真实的成长记录，而我也从未想过以某种说教的姿态去教别人，我只不过在解剖自己，呈现一种平凡人的成长而已。

想想，自己茫然无措的时候，不也喜欢四下张望，看看别人在自己这个年纪是不是也遇到了一样的问题，看看别人又是怎么应对的吗？虽然知道没有一模一样的人生，至少于自己是种安慰。而自己这部书稿尽力想要做到的，也只是给偶尔茫然无措、正在环顾四周的人一个借鉴和参考，一种陪伴与安慰罢了。

重新再看一遍丢在一边几个月的稿子，尽管有些缺陷，但我依旧能感受到字里行间那种滚烫沉甸的东西。不管看多少遍，都能真切地感受到。

我挺不谦虚地想，这应该是好文字。

2014年，我大病一场，在良性与恶性的狗血悬念之中，在死亡的恐吓下，才意识到自己拥有的东西已足够丰富，哪怕并不是过着最理想的生活，但能健康如凡人，也已足够幸运；这一年我辞去地产策划的工作，得到一个梦寐以求的offer，可以去做一本我喜欢的杂志；当然还有，我出书了，人生第一本书。这本我以为会成为自己毕业季完美句号的书，迟到了一年，要在今年的毕业季面世了。

出书这件事，很重要，但也似乎没那么重要。至少不比一年前我眼里那么重要了。那时我寄希望于它能雪中送炭，将我从毕业的慌乱局促中救起，给我勇气和自信，但到底它还是选择迟到一年，在我战胜了一切、平稳地朝想要的方向靠近时，翩然落下，锦上添花。

但我终究还是感谢这朵美丽的花。我爱它。

这一年，我22岁。

已经在从去年的慌乱焦虑中，慢慢缓过神来，强大起来。

记得去年特别煎熬的时候，我曾写下这段话鼓励自己“到低谷一定会反弹，21岁是你的低谷年，那就低吧，还能坏到什么程度呢，以后一定会弹上来的。”

果然如此。

其实从毕业低潮到现在，我并没有做什么太大的动作。我只是一直坚持着自己想干的事，比如写作，只是在想到什么的时候就去试试，比如转行、去喜欢的公司面试，只是一场关乎生命的虚惊让我更加珍惜自己所拥有的东西罢了。

我只是个普通人，很容易茫然，很容易发生选择焦虑。到现在依旧还不成功。我只是在慢慢地朝自己想要的生活靠近。我知道，恰如我不会永远留在21岁，我也不会永远留在低谷。

我想，正是这一点信念，带我离开毕业低谷的。

也许没那么刚刚好，有哪个人或哪件事来雪中送炭，但要相信，冬天迟早会过去。

一切都会好起来。